@Bobbie_Lee（李金宝）著

U0345507

人民邮电出版社
北 京

图书在版编目（CIP）数据

PPT效率手册 / @Bobbie_Lee著. -- 北京：人民邮电出版社，2020.5
ISBN 978-7-115-53419-4

Ⅰ．①P… Ⅱ．①B… Ⅲ．①图形软件-手册 Ⅳ.
①TP391.412-62

中国版本图书馆CIP数据核字(2020)第046107号

内 容 提 要

人人都想制作出既精彩又专业的PPT，但好像总是无从下手。其实，只要遵循这本书中的思路，背后的操作并不难。

本书第 1 章介绍了麦肯锡公司 40 多年来一直在使用的金字塔原理，用来梳理和精炼 PPT 文案；第 2 章将开启读者的 PPT 设计全局化思维，通过设置主题字体和颜色，不仅减少了重复操作，还让 PPT 更显专业；第 3 章介绍了最受关注的 PPT 排版和图表美化思路与方法；第 4 章通过对 4 个典型案例的分析，让读者能够掌握其中的精髓，轻松应对各种场景下的 PPT 设计制作任务；第 5 章会告诉读者演讲实战中需要注意的方方面面，帮助读者成为全场的焦点；第 6 章通过几个故事让读者了解如何用 PPT 创造价值，以及如何用自己创作的 PPT 模板或者服务赚取回报。

本书能够帮助 PPT 新手学会像专业人士一样思考和制作 PPT，帮助职场人士提升制作 PPT 的效率，并从中获得成就感甚至是经济回报。

◆ 著　　　　@Bobbie_Lee（李金宝）

责任编辑　赵　轩
责任印制　马振武

◆ 人民邮电出版社出版发行　北京市丰台区成寿寺路 11 号
邮编　100164　电子邮件　315@ptpress.com.cn
网址　http://www.ptpress.com.cn

北京富诚彩色印刷有限公司印刷

◆ 开本：690×970　1/16
印张：12
字数：213 千字　　　　　2020 年 5 月第 1 版
印数：1 – 5 000 册　　　　2020 年 5 月北京第 1 次印刷

定价：59.80 元

读者服务热线：(010)81055410　印装质量热线：(010)81055316
反盗版热线：(010)81055315
广告经营许可证：京东工商广登字 20170147 号

[前言]

今天，制作PPT显然已经成了大学生和职场人士必须要掌握的一项技能。课程作业展示、毕业论文答辩、述职报告、职位竞选演说等，PPT在大学和职场中的应用场景十分丰富。尽管大家曾经和现在看过数不清的PPT，但是其中制作精良的却寥寥无几，绝大多数的PPT并没有帮助观众更好地理解演讲者所要表达的信息，甚至有时候还可能帮倒忙。

大家都想把PPT做好，但好像总是无从下手。上学的时候，没有专门教授PPT设计的课程，毕业入职以后也很少有系统全面的PPT培训机会，这使得今天的大学生和职场人士在面对一次次的PPT任务时头痛不已。想想那些为了做PPT而熬夜的日子，是不是有些许难过？其实，PPT本身从来都不值得我们熬夜加班，PPT背后的业务、项目和成果，才是主角。

我们知道，PPT是用于展示和传递信息的，那么我们在制作PPT时应该关注什么？我想，应该是对信息的准确表达，力求用视觉化语言精准地表达演讲者所要呈现的信息。因此，制作PPT的第一步应该是梳理内容。PPT的设计是以内容为依据的，如果没有内容文案作为PPT的坚实根基，则皮之不存，毛将焉附。在制作PPT时，要优先考虑文案内容，再考虑如何去表现和设计。

基于上述思考，本书第1章介绍了如何对文案内容的逻辑进行梳理，这一部分恰恰是绝大多数PPT教程书籍和课程避而不谈的话题。本书将详细介绍文案内容的整理方法，其中读者会了解到"金字塔原理"对于PPT设计的巨大帮助。其次，需要掌握内容思维导图的构建，这是一种行之有效的组织内容逻辑的方法。整理好内容思维导图以后，随即需要规划PPT的整体架构，这样在后续的设计中就有了明确的方向，而不至于迷失其中。

另外一个让读者很困惑的难题是，PPT制作过程中存在大量重复的操作，非常花时间：文本需要逐一设置字体、行间距；形状、图标需要逐个设置颜色；更要命的是，打开取色面板根本不知道该选什么颜色；为了一个简单的对齐，需要全神贯注地盯着屏幕调整半天，脖子痛、眼睛酸……这样无聊枯燥的机械式操作贯穿着一份 PPT 制作的全过程，到底有没有办法解决和避免？

本书第 2 章呈现的是设计方法，开启读者的 PPT 设计全局化思维，让字体和颜色的设置变成一劳永逸的操作，大大减少重复的工作量。同时这一部分还会介绍 PPT 设计中的参考线规范以及版式冗余的解决方法。此外，这一部分对 PPT 主题设计思路的讲解，能够帮助读者敲开 PPT 设计的大门。

PPT 不是 Word 文档，我们不能只是把文字复制到 PPT 中简单堆砌，而是需要通过视觉化的手段，将文字转化为图示化语言，从而实现信息的表达和传递。很多人认为，视觉传达是专业设计师才能掌握的手段。但本书将介绍一种巧妙的方法，只需要简单三步，我们就可以把文字信息内在的逻辑关系以视觉化的图形语言呈献给观众。

这是一个看"颜值"的时代，PPT 也不例外。PPT 制作毕竟还是属于设计工作，因此读者也需要了解视觉与创意的要领。掌握第 3 章介绍的图文排版和图表美化的思路，我们就能在 PPT 中画龙点睛，让 PPT 看起来既美观又专业。

学会了梳理精炼文案内容、全局化设计思维、文字的图示化表达，以及图文排版和数据图表的美化以后，我们就可以在实际项目中学以致用。本书第 4 章中，展示了毕业论文答辩 PPT、大学生创业大赛 PPT、简历设计和述职报告 PPT 的应用案例分析。通过各种 PPT 案例结构框架的前后对比，让读者能够掌握其中的精髓，轻松应对各种场景下 PPT 的设计制作任务。

设计 PPT 的目的是为了给观众作演示，而 PPT 演示中也有一些需要学习的知识与技巧。本书第 5 章会对 PPT 演示技巧作进一步的讲解：设备和软件调试是必须要了解的内容；PPT 与演讲的配合是演示 PPT 的灵魂；PPT 中音频和视频的使用也颇有讲究。

最后，如果对 PPT 的设计和演示都掌握得很熟练了，就可以考虑利用 PPT 来创造价值。第 6 章将通过几个故事让读者了解如何用 PPT 创造价值，以及如何通过制作付费模板创造"收益"。能力更强的人，可以通过承接 PPT 设计的定制项目获得更高的回报。

我们始终相信，PPT 幻灯片具有一股力量，能够说服，能够影响，能够感动！

注意：本书中部分 PPT 中的外文均为占位假字，仅供读者参考样式，并无实际意义。

目录

第4章 **PPT 四大场景实战**
97% 的 PPT 制作者都逃不开的应用场景

第5章 **演说家的自我修养**
一场专业级 PPT 演讲的前前后后

第6章 **PPT 的价值**
没人爱做 PPT,除非能靠它赚钱

第 1 章 精炼文案，梳理逻辑

麦肯锡用了 40 年的内容逻辑梳理法

每个人都希望在传达想法、沟通交流、发表演说时，能够做到重点突出、思路清晰、层次分明，制作 PPT 的目的便在于此。用最短的时间讲清观点，让观众对演讲者传达的内容感兴趣、从而理解和记住。要做到简明扼要、简单易懂，对内容逻辑的梳理至关重要。那些顶尖的咨询公司非常注重内容逻辑，而且有一套成熟的理论方案来提升思考、表达和解决问题的逻辑。这些逻辑思路和表达方式，同样可以运用到 PPT 制作中。

从展现形式上来讲，我们可以把 PPT 分成两种类型：一种是"给观众看"的屏幕阅读型 PPT，另一种是"给观众讲"的辅助演讲型 PPT，如图 1.1 所示。比如，咨询公司发布的商业报告通常是屏幕阅读型 PPT；而科技产品发布会的现场演示幻灯片，则是辅助演讲型 PPT 的典型案例。

图 1.1 PPT 的两种展现形式

从作者实际经历的项目经验来看，大部分高校学生和职场人士制作的汇报幻灯片，都属于屏幕阅读型 PPT，当然也有很小一部分要用于商业路演的 PPT，需要制作成辅助演讲型 PPT。本书侧重介绍屏幕阅读型 PPT。从设计角度看，虽然 PPT 的表现形式多样，但都是为功能、目的、内容和观众服务。千万不可为了设计而设计。在制作 PPT 的时候，一定要牢记两个关键词：一是规范，二是专业。本书后面介绍的所有内容，都会围绕着这两个关键词展开。

本章首先介绍如何对所要呈现的内容逻辑进行梳理和规划，然后讲解在开始制作 PPT 之前，应该怎样建立 PPT 的全文档结构。

1.1 内容组织和逻辑架构

刚刚接触 PPT 的新手往往会首先考虑"应该怎么表现 PPT"，而忽视了制作 PPT 的目的：
"应该表达什么"。回想一下你听过的那些无聊的演讲，观众根本不明白演讲者在传达什么信息，
这就是演讲者前期没有对内容进行合理组织，从而导致逻辑架构混乱所暴露出来的问题。

也许你常常在纠结 PPT 做得好不好看，但在此之前，你应该先想一想，PPT 的内容逻
辑清晰么？不管是写文章还是做汇报，抑或与人交流，我们都希望别人能毫不费力地理解自
己要表达的观点，做 PPT 也一样。从想清楚，到说明白，是表达沟通想要达到的境界，而
对应到 PPT 里，就是 "知道表达什么"（文案）和"以怎样的形式呈现出来"（设计）。

在这里，我们借鉴和学习麦肯锡经典培训教材《金字塔原理》中介绍的方法，将其运用
到 PPT 的制作过程中，就能清晰有效地表达和呈现内容。

1.1.1 金字塔原理

金字塔原理是一种重点突出、逻辑清晰、主次分明的逻辑思路、表达方式和规范动作。
简单来说，金字塔原理就是先表明中心结论，再进行分论点阐述，自上而下、层层递进，直
到每一个分论点及其子论点都被解释清楚，如图 1.2 所示。

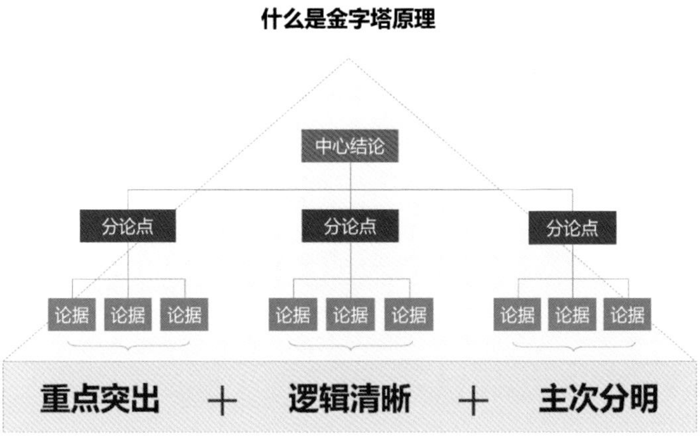

图 1.2 金字塔原理示意图

这就是金字塔原理，它不仅让我们知道 PPT 里面应该写什么，更重要的是，可以帮助我们建立清晰的逻辑结构并提炼重点。金字塔原理的基本结构是：结论先行，以上统下，归类分组，逻辑递进，如图 1.3 所示。

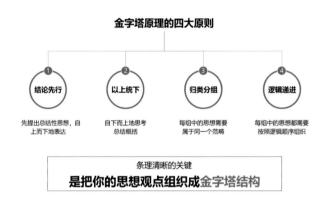

图 1.3 金字塔原理的四大原则

1. 结论先行

先把中心结论直接抛出来，再阐述支撑结论的观点，如图 1.4 所示。如果没有提前告知核心结论，PPT 呈现的信息可能会在不同的观众脑海里形成各自不同的理解。也就是说，观众会在观看 PPT 的同时会自行解读内容，自己探索结论，这无形中增加了观众的脑力劳动，同时可能会造成信息理解的偏差。所以，结论先行会减轻观众理解和分析信息的负担，作为 PPT 的制作者，我们要对这一点有足够的重视。

图 1.4 中心结论先行

2. 以上统下

表达内容时要遵循以下几点原则：先主要、后次要；先全局、后具体；先总结、后论述；先论点、后论据；先结果、后原因；自上而下地呈现，如图 1.5 所示。但是在概括内容即而得出结论形成金字塔结构的过程中，则需要自下而上地思考。

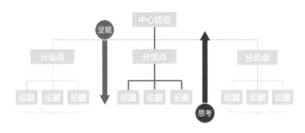

图 1.5 以上统下地梳理逻辑

有时候结论可能并不明确，需要制作者自行总结提炼，这时候就需要从内容最底层着手，将每个分论点和中心结论概括出来，最终形成金字塔结构。也就是说，在构建金字塔结构的时候有两种方式：如果是主题清晰、结论明确的内容，只需要自上而下地列出关键论点，进而理清内容的逻辑关系；如果是主题模糊，结论不明确的内容，则需要自下而上地概括出关键要点，梳理逻辑关系，最后总结出中心结论，如图 1.6 所示。

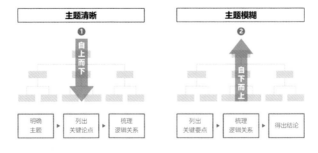

图 1.6 构建金字塔结构的两种方式

3. 归类分组

PPT 中信息的呈现应当遵循一定的秩序。PPT 制作者需要将具有某种共性的事物和信息组织在一起，从而有效地减少信息点。美国认知心理学家乔治·A·米勒在他的论文《其妙的数字 7±2》中指出，人脑短时无法同时记住 7 个以上的信息。如果 PPT 展示的信息没有经过很好地归纳和分组，那么受众在接受信息的时候思绪会陷入混乱。

金字塔结构中的内容，是以向上、向下和横向 3 种形式关联起来的。纵向来看，处在同一层级的一组内容为上一级的内容提供支撑说明，而上一级内容是对这一组信息的概括总结；横向来看，每一组中的内容应该属于同一逻辑范畴，如图 1.7 所示。

每组中的思想需要属于同一个范畴

图 1.7 归类分组

4. 逻辑递进

金字塔原理要求，所有列入同一组中的信息必须具有某种逻辑顺序。也就是说，组织在一起的信息，肯定不能随心所欲地堆砌，而是依据其中的逻辑关系，按照一定的顺序组织在一起。比如，按照事情发展流程以时间顺序进行组织；按照某事物的组织架构以结构顺序组织；按照重要性以程度顺序进行组织等，如图 1.8 所示。

每组中的思想都需要按照逻辑顺序组织

图 1.8 逻辑递进

以上是对金字塔原理的简单说明，那么应该怎样把PPT的原始内容组织成金字塔结构呢？方法就是构建思维导图。

1.1.2 构建思维导图

思维导图又叫脑图、心智地图，是一种将思维具象化的方法。我们可以借助一些构建思维导图的软件轻松地创建思维导图。本节介绍两款简单高效的思维导图工具：Xmind和幕布。

1.Xmind

Xmind是一款专业的思维导图软件，是制作PPT不可或缺的辅助软件之一。在Xmind软件中，可以从一个中心主题开始建立分支主题，它的内容创建模式完全符合金字塔原理。

操作技巧：

Xmind非常容易上手，选中一个主题后按下Tab键，即可为当前主题创建子主题；按Enter键则是创建同级主题。想要更改某个主题节点中的内容，只需要双击该节点，然后输入文字即可，如图1.9所示。

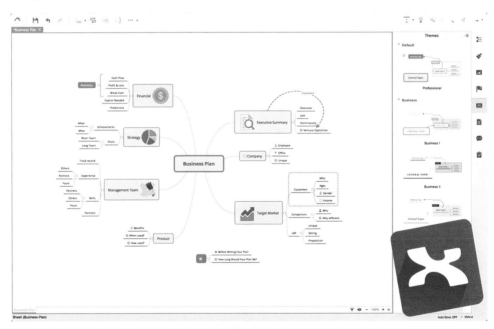

图1.9 思维导图工具Xmind

2. 幕布

幕布是另外一款非常实用的软件，同 Xmind 一样，它也可以帮助 PPT 制作者高效地梳理内容，快速形成金字塔结构的信息。幕布不仅提供了客户端安装程序，也可以直接在网页端使用，另外还能将自己创建的思维导图保存在云端。

操作技巧：

幕布的内容创建模式与在 Xmind 中有所不同。幕布更像一个笔记本，使用者直接在其中输入文字即可。每段文字之前都有一个小圆点，每个小圆点就是一个主题。按下 Enter 键，可以创建新的主题，也可以调整每个主题的层级；按下 Tab 键是将内容缩进一级，按下 Shift+Tab 快捷键则是将内容提升一级，如图 1.10 所示。

图 1.10 幕布操作界面

在幕布中，大纲笔记与思维导图可以一键转换，使用者只需要专注地创作内容，调整好每个主题的层级关系，最后即可一键生成思维导图，如图 1.11 所示。

按照金字塔原理，将内容梳理成思维导图以后，也就创建出了 PPT 文档的结构大纲。接下来要做的就是建立 PPT 全文档结构了。

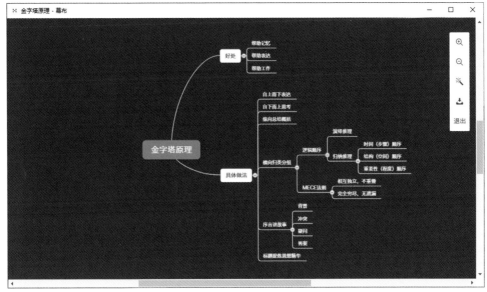

图 1.11 一键转为思维导图

1.2 PPT 全文档结构设计

现实中的 PPT 文档，可能包含了十几个甚至更多的页面，只有连贯阅读这些页面，才能了解完整的内容。所以从内容的结构和形式来看，PPT 更像网页设计：每个频道、栏目页都有对应的主题，而所有页面组织在一起，便构成了整个网站，如图 1.12 所示。PPT 每个页面的存在都是有理由和结构关系的，都在为传递内容信息和实现功能服务。

然而在很多时候，制作者将 PPT 一页页地做下来，更像是把 PPT 页面当成独立的海报来设计，忽视了前后的逻辑和整体结构。

PPT 中常见的内容逻辑问题大体上有这样两种情况：第一，整个文档条理不清晰，没有明确的逻辑架构；第二，单独页面难于理解，重点不突出，内容没有层次，如图 1.13 所示。

小时候写作文的时候，老师会要求学生先写一个提纲，然后根据提纲书写全文。作文提纲就是在写作文之前对文章整体内容的构思和规划。同理，PPT 设计也需要从整体上进行规划安排，如果没有整体框架的约束和指导，制作者很可能在设计 PPT 的过程中迷失方向。

图 1.12 网页和海报设计

图 1.13 常见的 PPT 内容逻辑问题

1.2.1 根据思维导图规划 PPT 结构

上一小节介绍了根据金字塔原理构建思维导图，也就是整理出了 PPT 的整体框架和思路，接下来就要把思维导图落地为 PPT 的结构设计了。

一份完整的 PPT 文档应该包括封面、目录页、章节页、内容和结束页，如图 1.14 所示，具体的设计方法会在后面章节中详细讲解。

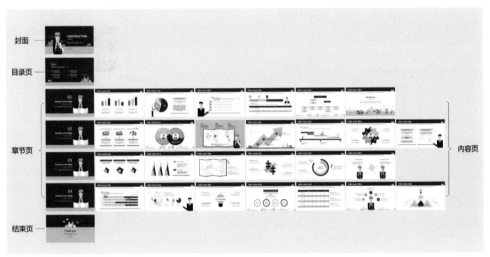

图 1.14 一份完整 PPT 的页面构成

如果思维导图已经具体到每个页面的框架文案和要点，那么此时 PPT 的结构框架也就成型了，只需要把梳理好的内容以最简单直接的形式表现在 PPT 中即可。

图 1.15 是一份述职报告 PPT 的内容思维导图。以金字塔原理作为指导，把内容逻辑梳理清晰以后，也就创建出了 PPT 文档的大纲，而这些层级细分下来的大纲，就可以成为 PPT

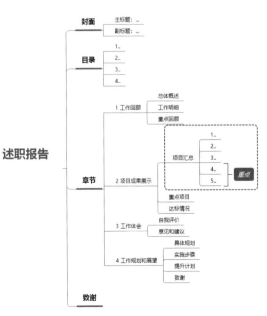

图 1.15 述职报告 PPT 结构框架

中的框架文案了。咨询公司报告的制作者，大多会一次性创建出所有页面，并为页面写上标题，串联起整个文档的结构，如图 1.16 所示，然后一页一页地具体设计页面。

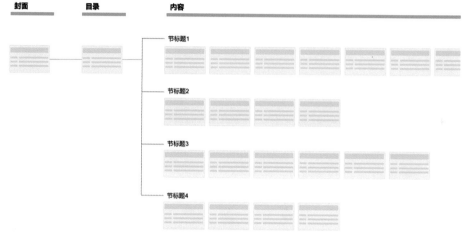

图 1.16 把思维导图的内容对应到 PPT 中

如图 1.15 所示，设计之前先建立一份内容完整的"白板"PPT，这就完成了文案内容从 Word 文档到 PPT 幻灯片的梳理。接下来要做的事情，就是逐个页面地具体设计了。

在金融、咨询行业，为了建立更严谨的逻辑结构，设计 PPT 模板时会细分各种层级的目录。在 PPT 中也会有明确的章节标题、内容标题和二级标题，如图 1.17 所示。

图 1.17 专业咨询报告 PPT 的层级规划

在 PPT 中，为了更直观地呈现整个文档的逻辑结构，我们可以借助"节"的概念对 PPT 页面进行合理地组织和安排。自 Office2013 版本开始，PowerPoint 中新增了"节"的概念，增强了 PPT 框架结构的逻辑，方便制作者对 PPT 页面进行管理、调整和快速定位。

1.2.2 通过设置节标题梳理章节内容

PowerPoint 2013 版本新增了"节"的概念，但是很多人并不清楚如何使用它。接下来将详细介绍"节"是什么，以及应该怎样使用"节"。

操作技巧：

当一份 PPT 中包含了很多页面的时候，如果想要快速定位到某一章节或某一页就会显得非常吃力。正如图 1.18 所示的 PPT 一样，虽然整理好了每一章节，但是全部页面堆在一起还是显得混乱，没有秩序感。

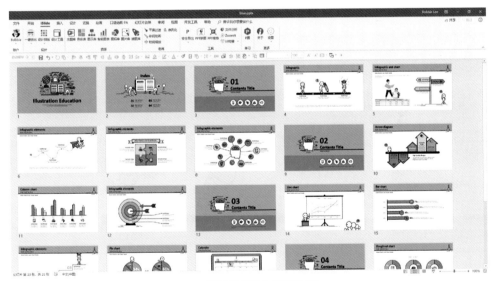

图 1.18 没有设置"节"的 PPT 结构混乱

"节"功能的存在，就是为了让 PPT 逻辑结构更清晰。使用"节"功能对 PPT 进行整理以后，结构看上去清爽很多，如图 1.19 所示。

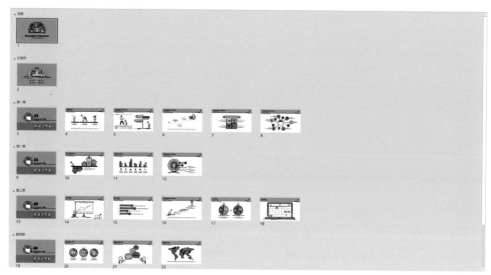

图 1.19 设置了"节"的 PPT 结构更明确

那么"节"功能应该如何使用呢？方法很简单，只需要在 PPT 界面左侧的每一页幻灯片预览图之间的空隙处单击鼠标右键，就会发现有个选项叫"新增节"。新增"节"以后，就可以对它进行重命名，如图 1.20 所示。

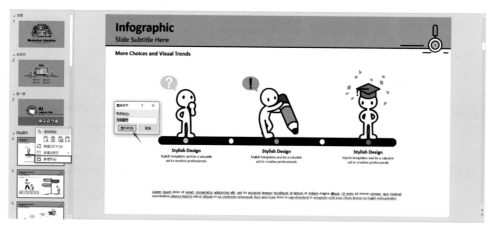

图 1.20 重命名节标题

制作者还可以对每个"节"进行删除、移动、折叠操作，在对应的"节"上面单击鼠标右键就会弹出相关命令，如图 1.21 所示。

对"节"进行折叠后，就可以将一部分幻灯片暂时隐藏起来，方便对页面进行管理和调整。同时选中一个"节"拖动，就可以对某一节进行整体移动和调整，如图 1.22 所示。

图 1.21 节标题的菜单命令　　　　　　　　图 1.22 拖动"节"改变内容顺序

设置好"节"以后，从"视图"菜单切换到"幻灯片浏览"模式，可以更直观地预览 PPT 逻辑结构。PPT 软件的右下角也有打开"幻灯片浏览"模式的按钮，如图 1.23 所示。

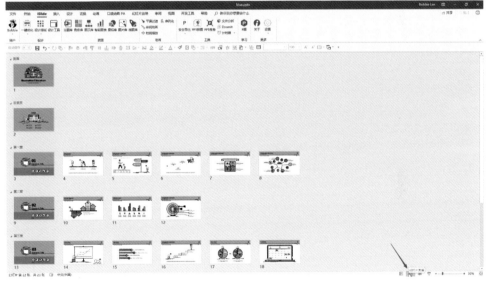

图 1.23 从普通视图切换为"幻灯片浏览"视图

PPT 是一个视觉化呈现、结构化表达的工具，通过本章的讲解，希望大家对 PPT 树立起一个全新的理念——简单、直接、有效地传递信息是 PPT 的使命。培养制作 PPT 的能力，其实也是在培养制作者可视化表达能力、逻辑思维能力以及演讲表达能力。

搞定文案内容的梳理和规划以后，接下来的一章，让我们开始学习设计方法。

第 2 章

全局化 PPT 设定

顶尖咨询公司都在用的
PPT 设定套路

很多人抱怨，自己不是设计师，没法把 PPT 做得特别"专业"，但是 PowerPoint 软件作为一款办公软件，它并不是只给设计师使用的。对于没有学过设计的普通使用者来说，让 PPT "看起来专业一些"，这事本身并不复杂。利用 PPT 自身的功能和规则，养成一些编辑操作的习惯，提升制作效率的同时，也能提高专业性。

PowerPoint 软件提供了一套很好的机制，能够快速建立全文档统一的设计规范。遵循和掌握这套全局化设计规范，不仅能让 PPT 专业起来，还可以减少大量重复的编辑操作，提高效率，节约时间。本章将要介绍的就是 PPT 设计中的全局化思维。

掌握了全局化设计思维以后，需要了解 PPT 主题框架的设计。一份完整的 PPT 文档通常都会包含封面、目录页、章节过渡页和结束页，这些常用的版式构成了 PPT 的"主题"。本章第 2 节将会说明如何设计 PPT 主题框架。

一份 PPT 文档中最重要的内容，应该是内容页的展示。如何将文字内容通过图示化的方式呈现出来，是 PPT 设计的根本任务。本章第 3 节会介绍将文字内容图示化的设计方法，只需要 3 步，就能在 PPT 中实现文字内容的图示化表达。

本章的最后一节，将为读者简单介绍 PPT 辅助设计工具 iSlide 插件的使用技巧，将 PowerPoint 软件与 iSlide 插件搭配使用，能为制作者节省很多设计 PPT 的时间。

2.1 PPT 设计中的全局化思维

一份 PPT 文档是由一系列幻灯片页面所组成的统一整体。在一页一页地制作 PPT 的过程中，如果逐个文本框修改字体或逐个形状修改颜色，那么完成一份 PPT 就需要耗费很多时间。为此，在开始设计之前，制作者首先需要对文档进行全局化的设定，将字体、色彩、页面等进行统一和规范。

2.1.1 设置全局化主题字体

当读者看到如图2.1所示的PPT文档缩略图时，是不是感觉很规整而且容易阅读识别呢？

咨询公司发布的专业 PPT 报告给我们带来了很好的示范。一份专业的演示文档首先应该做到字体上的全局化统一，这也是制作PPT时的首要工作：设置全文档的中英文字体。当然，这个操作并不需要逐个文本框去设置，只需要在设计之初操作一次就可以了。

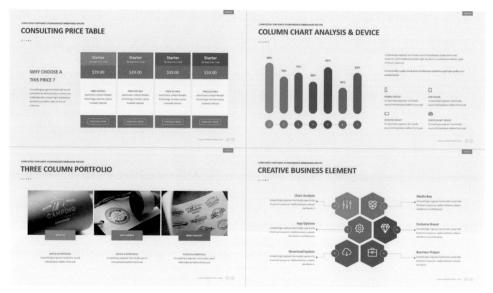

图 2.1 咨询公司发布的专业 PPT

PowerPoint 软件中有个"主题字体"的概念，当制作者给文字设置字体的时候，总会看到主题字体，如图 2.2 所示。

图 2.2 主题字体

这里所谓的主题字体，就是当前文档中输入文字时默认的字体格式。将当前文档的主题字体定义成制作者所需的字体即可，后面只要输入文字而不用再去设置字体。

操作技巧：

在 PowerPoint 中可以对整个文档预设中英文字体，按照设计的规则，将全文档的主题字体分别就中英文各设置一款字体。

在"设计"菜单中找到"变体"组，在下拉菜单中选择"字体"命令，如图 2.3 所示，

在弹出的字体设置菜单的最下方有一个"自定义字体"选项，
如图 2.4 所示，选中后即可开始新建主题字体。

图 2.3 新建主题字体的路径　　　　　　　　　　　　图 2.4 自定义字体

打开图 2.5 所示的"新建主题字体"对话框以后，不用再区分标题和正文字体。通常情况下，中英文各使用一款字体就可以了，下拉菜单中是可供使用的系统自带字体。

图 2.5 为中英文各选择一款字体

将中英文字体定义好以后，当前文档的默认字体就设置好了。接下来所有新输入的文字，都会按照主题字体进行适配。如果需要更换一种字体，也只需要修改主题字体，即可实现全文档的字体修改。可见设置主题字体就是一劳永逸的 PPT 字体设置技巧。

工具辅助：

iSlide 插件也提供了统一设置全文档主题字体的功能，在 iSlide 的"一键优化"中找到并打开"统一字体"功能，为中英文各选择一款字体，在"主题模式"下选择"所有幻灯片"，如图 2.6 所示。在应用后即可将选择的字体设置为当前文档的主题字体。

图 2.6 在 iSlide 中设置主题字体

需要补充一点，如果选择这里的"强制模式"，只会将文档中现有文本的字体统一成所选字体，而文档的主题字体并不会改变，新输入的文字依旧会适配原有主题字体。所以说强制模式是一种"治标不治本"的字体统一方式。

提示　从外部复制文字到 PPT 的时候，常常会带着字体格式一起粘贴进去，这样会导致粘贴的字体与当前文档的主题字体不统一。为了避免这种情况，我们从外部复制文本到 PPT 里的时候，不要着急按 Ctrl+V 粘贴，而应该单击右键选择"只保留文本"选项，如图 2.7 所示。如此即可弃用原有字体格式，而换用制作者设定的主题字体。

图 2.7 弃用外部格式

提示 当需要在 PPT 中呈现中文段落的时候，默认 1.0 的行间距会让阅读体验非常不友好，因此建议将文本行间距改成 1.2 至 1.5 倍行距。1.2 倍行距更适用于内容信息量更大的报告文档，1.5 倍行距则适用于大型演示宣讲，如培训和路演等。

修改字体行间距的方法是在 PPT 软件"开始"菜单的"段落"组中找到"行距"选项，打开之后选择多倍行距，然后设置行距值即可，如图 2.8 所示。

图 2.8 调整行距

除了 PowerPoint 软件自带的行距设置方式以外，iSlide 插件提供了一种更加便捷的操作方法。在 iSlide 的"一键优化"中打开"统一段落"即可进行设置，如图 2.9 所示。

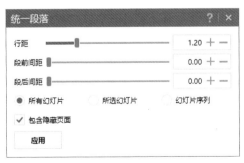

图 2.9 iSlide 中设置行距的快捷方式

2.1.2 设置全局统一的色彩方案

色彩在 PPT 设计中用于建立识别、区分和突出重点。色彩搭配的合理性能够影响一份文档视觉传递的专业性。图 2.10 所示的缩略图页面来自同一份文档，这些色彩虽然都不一样，但搭配在一起使用并不显得突兀。

图 2.10 和谐的色彩搭配方案

仔细观察就会发现，整套 PPT 设计只用了 6 种色彩，这套配色方案贯穿整个 PPT。

而我们平时在使用色彩时，很可能会基于自己的喜好来选择，甚至有时会把色彩从一份 PPT 复制到另一份 PPT，导致整个 PPT 的色彩过于杂乱。

PowerPoint 软件可以把一套配色方案记录成当前文档的主题颜色，并保存在文档取色面板中，供制作者随时调用。因此我们首先需要认识和了解 PowerPoint 中的主题颜色，让全文档色彩可以统一更改，以便最大限度地减少重复操作。

也许读者还遇到过图 2.11 所示的情况：把 Excel 图表复制到 PPT 文档后，之前设定好的图表颜色全都变了。

这也是主题颜色的存在所导致的问题。每个文档都有自己的一套主题颜色，在文档之间复制粘贴内容时会自适应当前文档的主题颜色。这里所谓的"主题颜色"就是文档中预设的配色方案。当制作者定义好配色方案，接下来使用色彩时，只需要在主题颜色范围内取色，就不会发生色彩杂乱的问题。

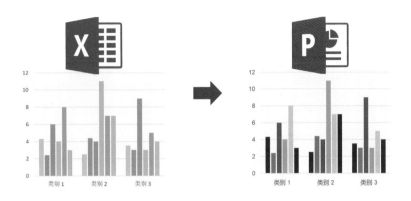

图 2.11 将图表从 Excel 复制到 PPT 文档后，颜色发生了改变

操作技巧：

在 PowerPoint 中设置主题颜色的方式，跟前面所讲的设置主题字体类似，在"设计"菜单中找到"变体"组，在下拉菜单中选择"颜色"命令，如图 2.12 所示，在弹出菜单的最下方选择"自定义颜色"选项，如图 2.13 所示，这样就可以新建主题颜色了。

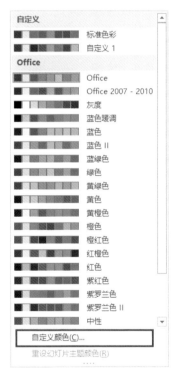

图 2.12 设置主题颜色的路径　　　　　　图 2.13 自定义颜色

打开"新建主题颜色"对话框，一共有 12 种颜色可以直接使用，如图 2.14 所示。

其中前4种颜色是背景颜色和前景文字的颜色，通常情况下无需特意设定，保持默认即可。后面的"着色1"到"着色6"是为文档中图示、图表、表格等着色时使用的色彩。最后面的两种颜色是超链接和已访问的超链接的颜色。

设置并保存好主题颜色后，在文档中着色时打开取色面板，就会看到定义好的色彩搭配已经变成当前文档的主题颜色了，而且 PowerPoint 软件会自动为每一种颜色生成图 2.15 所示的一系列不同明度的色彩，这样就多了一组同色调的色彩选择。

图 2.14 新建主题颜色

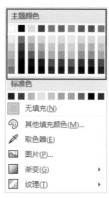

图 2.15 不同明度的色彩

有了这套主题颜色的约束，制作者在设计 PPT 页面时，就可以在这个主题颜色的范围内选择配色，这样就保证了色彩的和谐统一。

使用主题颜色还有一个好处，就是方便修改颜色。假如要更换一套配色方案，只需要重新设置主题颜色即可，这样就能实现全文档色彩的统一修改。如果要使用主题颜色以外的色彩，就只能逐一手动修改。

如图 2.16 所示，所有色彩都选用了主题颜色方案中的配色。

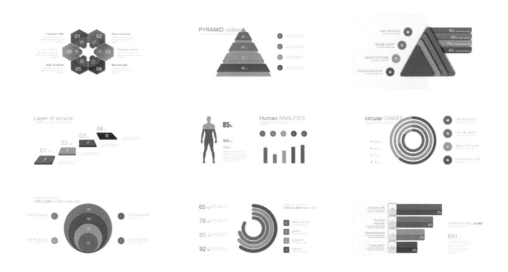

图 2.16 使用主题颜色方案中的配色，获得了和谐的页面效果

如果我们更改一套配色方案，整体颜色就会自动改变，一改全改，如图 2.17 所示。

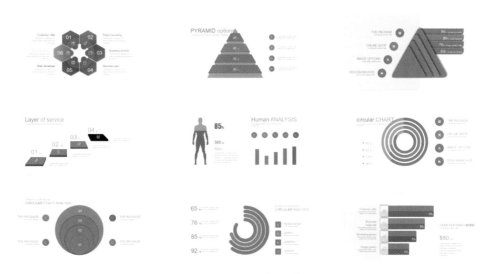

图 2.17 统一修改配色方案，省时省力

尽管在主题颜色方案中定义了几种不同的常用色彩，但不意味着一定要把这些色彩在文档中都应用一遍，实际制作过程中可能会选择一个主色和一个辅色，以及不同明度的灰色来设计。在保持页面的简洁、干净、明了的基础上，通过改变色彩就可以做到内容的区分和突出，如图 2.18 所示。

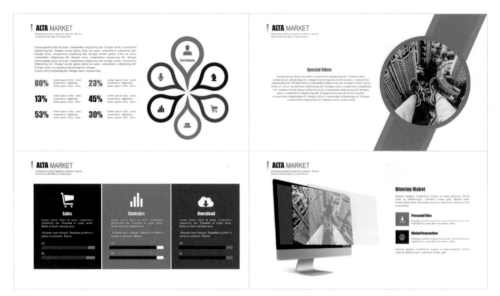

图 2.18 主色与辅色搭配，突出内容重点

经验　　　虽然掌握了设定 PPT 主题颜色的方法，但是如何搭配出和谐的配色方案似乎是大多数普通使用者都会遇到的难题，毕竟那是专业设计师的擅长。但其实，我们只需要掌握一些获取色彩搭配的网站工具就可以满足日常工作需要了。

　　比如，在 ColorBlender 网站上，我们只需要输入一种颜色，它会自动搭配出如图 2.19 所示的另外 5 个配色，然后我们把获得的颜色定义到 PPT 的主题颜色方案中即可。

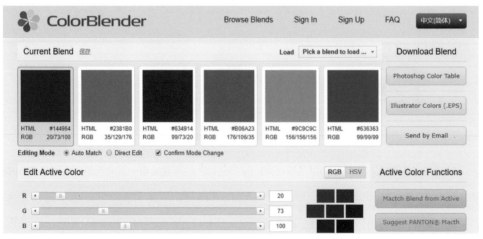

图 2.19 在 ColorBlender 网站可以快速生成配色方案

另外 Adobe Color CC 网站平台，也可以作为色彩搭配参考，如图 2.20 所示。

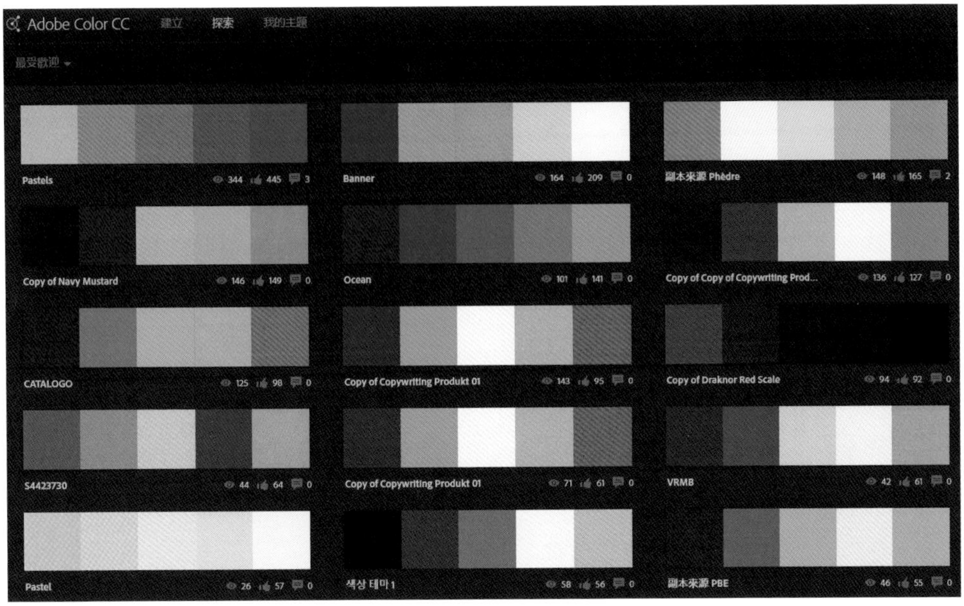

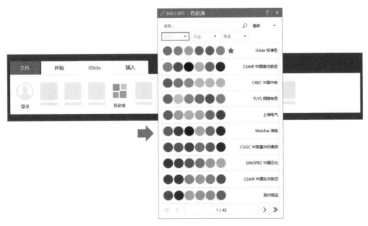

图 2.20 Adobe Color CC 网站提供了时下流行的配色参考

工具辅助：

前面介绍了 PPT 的主题颜色概念、自定义方法，以及获取配色方案的网站，但是用 PPT 自带的"新建主题颜色"功能设置文档主题颜色的操作还是很烦琐。好在 iSlide 插件提供的色彩库可以一键实现配色方案的选择和主题颜色的设置，如图 2.21 所示。

图 2.21 iSlide 色彩库

如图 2.22 所示，在 iSlide 插件的"资源"组中，单击"色彩库"选项，会弹出"色彩库"窗口。使用时可以直接将需要的主题颜色应用到所需页面，或者自定义编辑主题颜色。

选择"应用到当前页面"和"应用到全部页面"，将主题颜色应用到目标幻灯片。

iSlide 色彩库提供了海量专业设计师的配色方案，通过几个筛选项，便可按照不同的色系和行业，找到适合自己的配色方案。通过应用到全部页面实时预览配色效果，不仅可以快速检索合适的配色方案，还可以实现全文档色彩的一键更换。

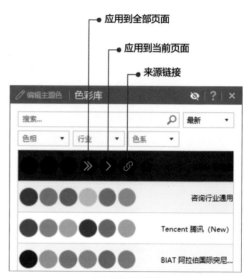

图 2.22 色彩库界面

2.1.3　设置正确的参考线规范

统一的色彩和字体，再加上规范的排版，就能让 PPT 文档看上去更专业。字体和色彩的统一规则前面已经说过，接下来我们需要了解一下参考线规范。

首先来看如图 2.23 所示的案例：除了统一的字体、行距和色彩外，还有整齐的排列和有序的布局，看上去很规整。

图 2.23 规整的 PPT 排版布局

那么如何让页面中的元素布局更有规则，以及如何实现幻灯片页面之间的跨页对齐呢？这里就需要借助 PowerPoint 中强大的辅助工具——参考线。

当开启页面参考线以后就会发现，原来是这几个线条在约束着页面元素的位置，如图 2.24 所示。正是参考线的存在，才使得制作者能够轻而易举地实现 PPT 设计中的跨页对齐。

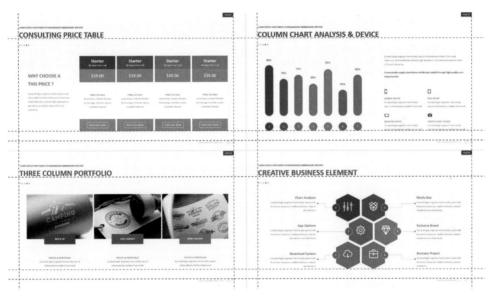

图 2.24 参考线约束着页面上的元素位置

操作技巧：

开启和隐藏参考线的快捷键是 Alt+F9，也可以在视图菜单中选中"参考线"选项将其显示出来。默认的参考线只有两条，制作者可以手动创建和删除参考线。单击鼠标左键选中参考线，按住 Ctrl 键的同时拖曳鼠标即可创建出新的参考线。单击鼠标左键选中参考线，拖曳出编辑视图即可将其删除。

通常情况下，通过创建参考线，可以把 PPT 的页面划分成标题区、内容区和页脚区，如图 2.25 所示。有了参考线的规范和约束，在 PPT 页面中进行排版布局就有了依据，而不用再凭感觉随意摆放内容了。

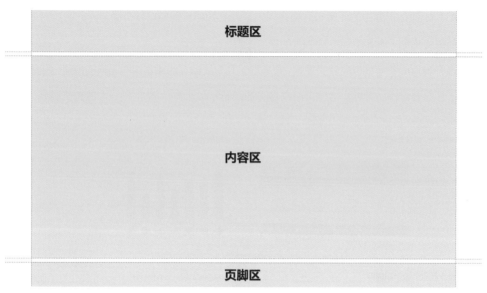

图 2.25 使用参考线划分出不同区域

工具辅助:

iSlide 插件提供了一个快速创建参考线的功能——智能参考线,如图 2.26 所示。它能实现一键添加辅助参考线,便于制作者对参考线进行调整和重新布局。

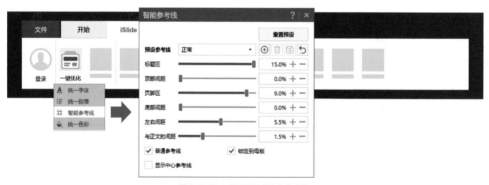

图 2.26 iSlide 提供的智能参考线功能

利用智能参考线功能,可以一键添加统一的参考线规范,而不用手动逐条新建。只要调节其中的滑块,就可以轻松地调整参考线的位置和各个区域的大小,操作起来便捷高效。

2.1.4 清理多余的版式

从 PowerPoint 的"视图"菜单进入"幻灯片母版",在其中可以看到当前文档包含的所有"版式",如图 2.27 所示。

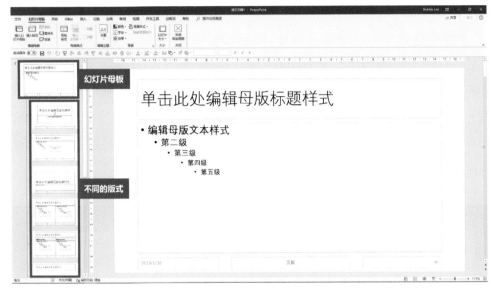

图 2.27 幻灯片母版页面

制作者也可以在 PowerPoint 软件的"开始"菜单中单击"版式"下拉菜单,查看和调用母版中设置好的版式,如图 2.28 所示。

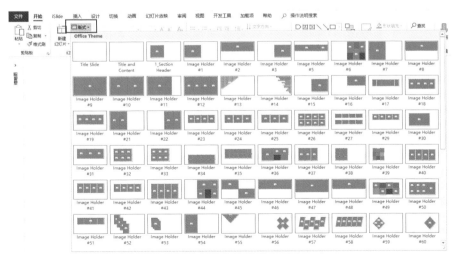

图 2.28 查看和调用母版中版式的路径

PowerPoint 母版默认给出了 11 个版式，但是在日常设计中，从外部复制幻灯片页面到当前文档中的时候，往往会带着原版式一同粘贴进来。虽然在普通编辑视图下我们不会看到它们，但是这些多余的版式会占用文件的存储空间。有时候一个只有几页的 PPT 文档放映出来会变得很卡，很有可能就是母版中有太多的无用版式。

根据实际经验来看，母版默认给出的 11 个版式并不会全都用得上。除了标题幻灯片版式之外，还有两个常用的版式是"仅标题版式"和"空白版式"。因此当 PPT 设计完成以后，要养成清理无用版式的习惯。操作方法很简单：选中无用版式并单击"删除"即可。如果觉得一个一个地寻找和删除版式有点麻烦，可以尝试使用 iSlide 插件提供的"PPT 瘦身"功能。打开"PPT 瘦身"功能，选中"无用版式"复选框，单击"应用"按钮即可一键删除所有多余版式，如图 2.29 所示。

图 2.29 iSlide 提供的 PPT 瘦身功能

2.2 PPT 主题框架设计

在上一节，我们学习了如何设置 PPT 中的主题字体、主题颜色和参考线。掌握了这些全局化的基础设置以后，就可以着手设计幻灯片页面了。这一节先介绍 PPT 主题框架的设计。

统一的 PPT 外观设计被称为"PPT 主题"。按照微软官方的解释，主题的作用是为演示文稿提供设计师水准的外观，让所有幻灯片元素和谐一致。PPT 主题的概念可能不太好理解，但是你一定给电脑设置过主题。在 Windows 操作系统中，"主题"一词特指 Windows 的视觉外观，是 Windows 系统的界面风格，包括窗口的颜色、桌面壁纸、控件的布局、图标样式和字体等内容。通过改变这些视觉内容，可以达到美化系统界面的目的。

PPT 中也有"主题"概念，指的是演示文档的视觉外观，包括主题颜色、主题字体、背景样式、预设效果和预设版式等。PPT 主题跟电脑主题或手机主题一样，可以简单地将其理解为"一套皮肤"。在 PowerPoint 软件的"设计"菜单中，有一些内置主题可以使用，但是数量不多而且设计风格也比较陈旧过时，所以并不实用。

一套 PPT 主题除了包含前面讲过的全局化设定以外，还应该包含几个常用的页面版式，如封面页、目录页、章节过渡和结束页等。下面详细介绍 PPT 主题的设计过程。

▌ 第 1 步 设置主题字体。

首先设置主题字体，前文已经介绍了设置方法，这里不再重复。为了方便，可以直接利用 iSlide 插件的统一字体功能，使用主题模式设置主题字体——中文字体设为微软雅黑，英文字体设为 Arial，如图 2.30 所示。

图 2.30 使用"统一字体"功能设置主题字体

▌ 第 2 步 设置主题颜色。

接下来设置主题颜色，直接打开 iSlide 插件的色彩库功能，选择一套合适的配色方案，单击"应用到全部页面"按钮，将选定的配色方案设置为当前 PPT 文档的主题颜色，如图 2.31 所示。

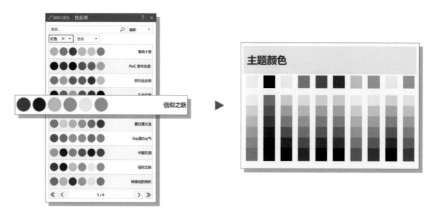

图 2.31 使用色彩库快速设置主题颜色

第3步 设置参考线。

利用 iSlide 插件中的智能参考线功能，在 PPT 文档中一键添加参考线，规范版式布局，明确页面当中的标题区、内容区和页脚区，设置完毕单击"锁定参考线"选项，使其成为橙色母版参考线，如图 2.32 所示。

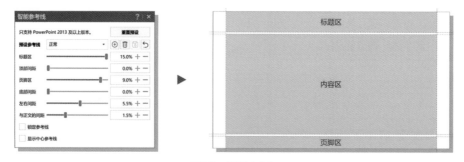

图 2.32 一键添加参考线

第4步 规范标题和内容占位符。

进入"视图"菜单中的"幻灯片母版"，调整母版中的标题和内容占位符的大小和位置，如图 2.33 所示，使标题占位符严格规范到标题区、内容占位符严格规范到内容区、页脚占位符严格规范在页脚区，同时适当调整各个占位符中的字体大小，如图 2.33 所示。

【视图】→【幻灯片母版】

图 2.33 规范标题和内容占位符

▌ 第 5 步 删除多余版式。

还是在母版视图中，将母版下面多余的版式删掉，只留下几个常用版式——封面版式、章节页版式、标题和内容版式、仅标题版式、空白版式和封底版式（可以下载 iSlide 主题库中的主题，看一下每个主题包含的版式），如图 2.34 所示。

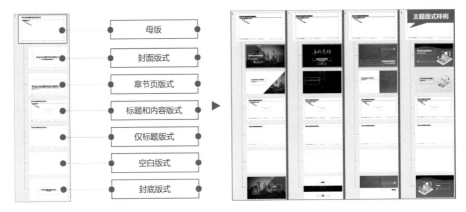

图 2.34 删除多余的版式

▌ 第 6 步 设计封面（标题页）。

回到封面版式，开始设计封面样式。保留标题和副标题占位符，插入其他所需的文本占位符，插入 logo、图片和形状等元素，示例效果如图 2.35 所示。

图 2.35 插入所需的各类元素

图 2.36 所示封面中的元素，分别为标题和副标题占位符、文本占位符、线条、文本框和一些渐变填充的圆形等，如图 2.36 所示。

本教程案例封面构成元素分解

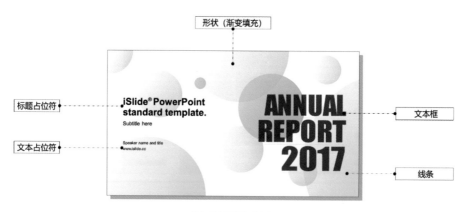

图 2.36 封面页构成元素

第 7 步 设计章节页。

在章节页版式中设计章节页，保留标题占位符，插入副标题占位符、图片和形状等元素，示例效果如图 2.37 所示。

图 2.37 章节页的设计布局

本示例中的章节页由图 2.38 所示的元素构成，分别为标题和副标题占位符、文本占位符，以及几个渐变填充的圆形形状，如图 2.38 所示。

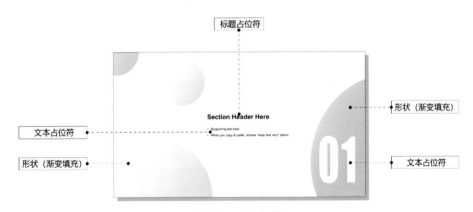

图 2.38 章节页构成元素

▌ 第 8 步 设计封底（结束页）。

在封底版式中设计结束页，添加结束语占位符，插入署名、时间等占位符，示例效果如图 2.39 所示。

图 2.39 结束页的设计布局

本示例中的结束页由图 2.40 所示的元素构成，分别为标题 / 副标题占位符、文本占位符，以及几个渐变填充的圆形等。

本教程案例结束页构成元素分解

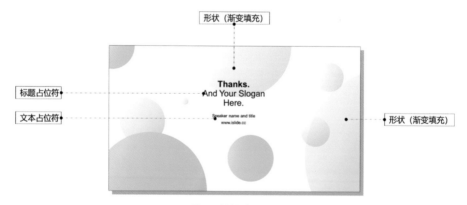

图 2.40 结束页构成元素

第 9 步 其余 3 个版式页面设计。

标题和内容版式、仅标题版式、空白版式 3 个版式相对比较常用，可以保留原样，也可以插入线条等元素，示例效果如图 2.41 至图 2.43 所示。

图 2.41 保留版式原样

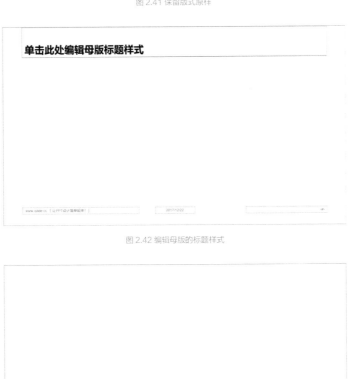

图 2.42 编辑母版的标题样式

图 2.43 空白版式

▌ 第 10 步 保存为主题文件。

设计好全部版式以后，就可以把做好的主题保存起来了。关闭母版视图，回到普通视图中，在"设计"菜单的"主题"下拉菜单中单击"保存当前主题"按钮，将设计好的主题保存为 .thmx 格式的主题文件，如图 2.44 所示。

图 2.44 保存主题的路径

▌ 第 11 步 使用自定义主题。

保存主题后，在"设计"菜单的"主题"下拉菜单中就能看到保存的自定义主题了，位置如图 2.45 所示。保存的主题可以在需要时轻松反复调用。

图 2.45 随时调用已经保存的主题

以上就是设计 PPT 主题外观的基本流程和方法。有了这个外观皮肤以后，接下来就可以根据自己的内容完成每个章节中的内页设计了。那么如何将文案内容转化为图示化的表现形式呢？下一节将介绍如何通过 3 个步骤实现文字的图示化表达。

2.3 文字内容图示化设计三步法

做幻灯片的时候，每个人都会频繁地遇到一个问题：如何将抽象的文字内容以更直观的方式呈现在 PPT 中？

文本内容的图示化表达，对初学者来讲通常不那么简单，因此很多人为了图方便，会把文本内容直接粘贴进 PPT 页面，于是我们就会经常看到如图 2.46 所示的 PPT。

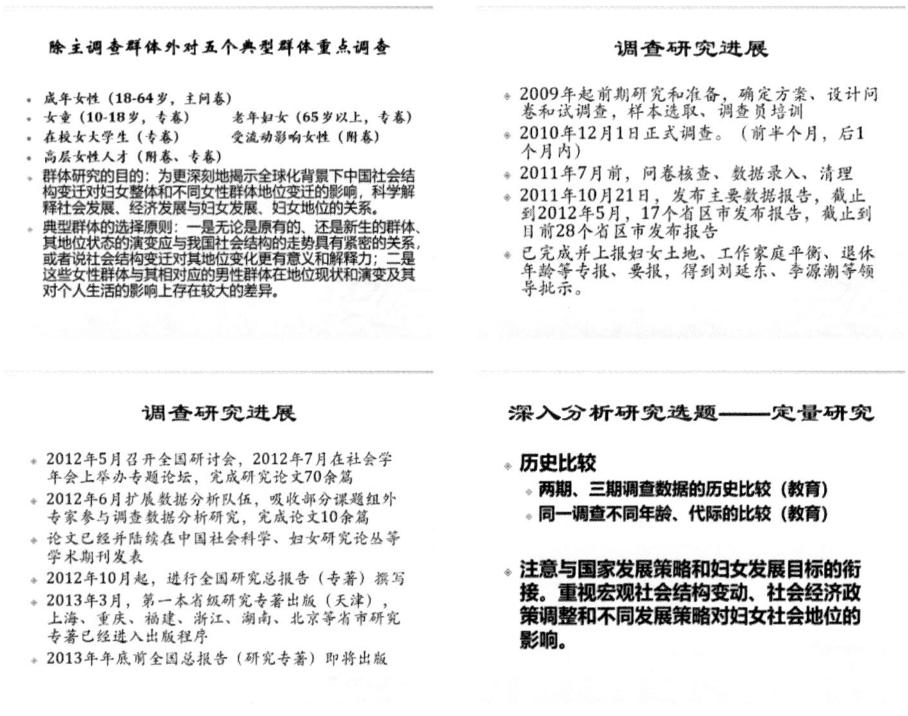

图 2.46 直接将文字粘贴进 PPT，效果堪忧

为了不再做出这种糟糕的 PPT，制作者需要掌握文本内容图示化表达的技巧。本节先从简单的案例入手，尝试把下面这一段文字更直观地呈现在 PPT 页面中，如图 2.47 所示。

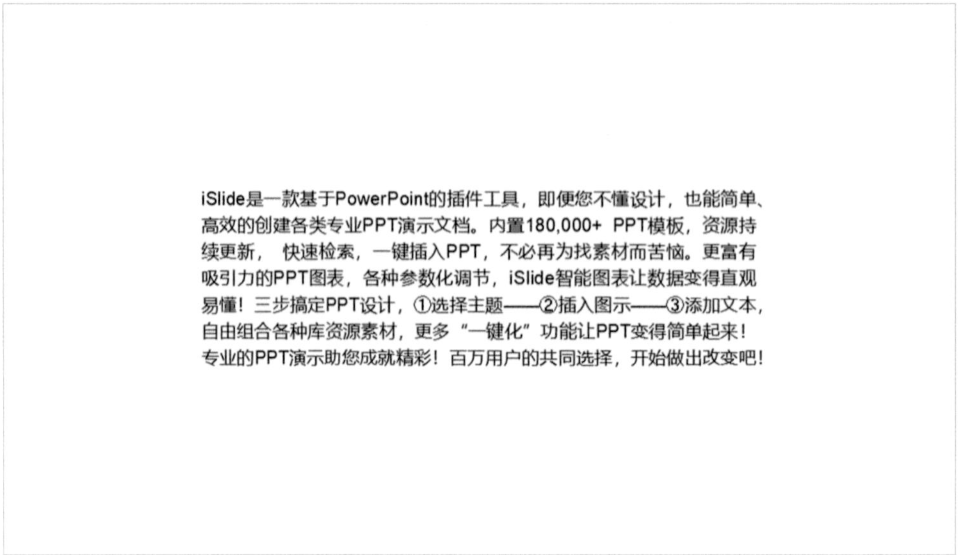

图 2.47 原始文字素材

我们分以下几步对这段内容进行处理。

首先，看这段内容表达了几个观点，让每一个观点独立呈现。也就是确定内容呈现的数量级，如图 2.48 所示。

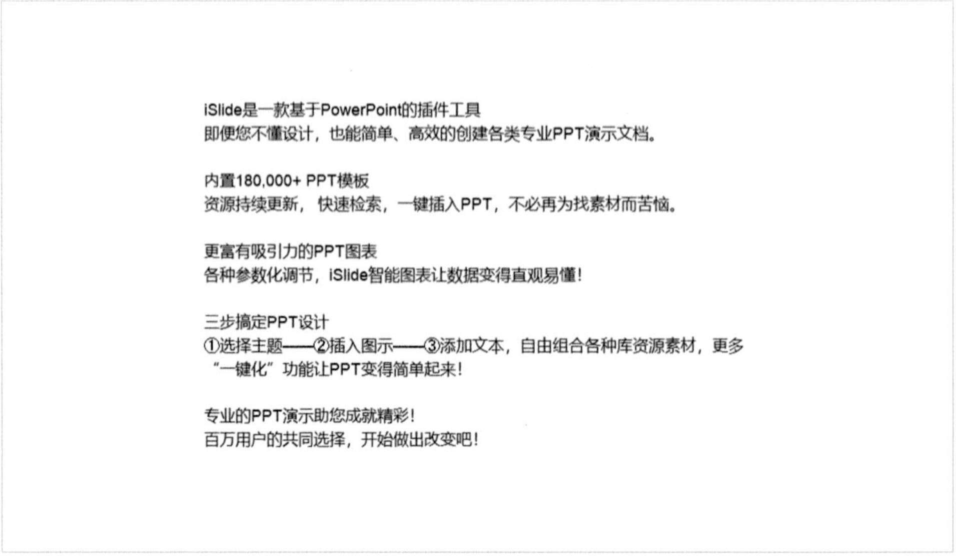

图 2.48 对内容进行初步处理，梳理出观点

其次，梳理和确定每个观点的主次信息。按照 PowerPoint 中 SmartArt 里边的说法，也可以称为确定级别 1 文本和级别 2 文本。级别 1 可以理解为标题文本，级别 2 为解释性文字，如图 2.49 所示。

iSlide是一款基于PowerPoint的插件工具
即便您不懂设计，也能简单、高效的创建各类专业PPT演示文档

内置180,000+ PPT模板
资源持续更新，快速检索，一键插入PPT，不必再为找素材而苦恼。

更富有吸引力的PPT图表
各种参数化调节，iSlide智能图表让数据变得直观易懂！

三步搞定PPT设计
①选择主题——②插入图示——③添加文本
自由组合各种库资源素材，更多"一键化"功能让PPT变得简单起来！

专业的PPT演示助您成就精彩！
百万用户的共同选择，开始做出改变吧！

图 2.49 确定观点的主次

接下来确定内容之间的逻辑关系（列表、流程、循环、层次结构、关系、矩阵、棱锥图等），根据前面确定的数量级和逻辑关系进行版式布局，如图 2.50 和图 2.51 所示。

图 2.50 确定内容之间的逻辑关系

图 2.51 根据前面确定的数量级和逻辑关系进行版式布局

最后，设置色彩、搭配图标、图片等视觉素材，完成最终的设计，如图 2.52 所示。

图 2.52 优化细节，完成最终设计

下面再次把上面所有步骤放到一起，整体回顾设计过程和思路，如图 2.53 所示。

图 2.53 回顾整体设计过程与思路

通过上面这个简单的案例,我们可以把图示化表达的过程简要地总结为以下 3 步。

第 1 步 梳理内容数量级,确定主次信息。

对文本内容的理解和梳理是设计之前必不可少的步骤,要完成文本语言到图示语言的转化,就必须对文字内容进行理解和消化。

将文字分条析理地罗列出来,然后确定所要表达信息的主次关系,这样 PPT 设计才能被观众更加轻松地解读,如图 2.54 所示。

图 2.54 案例前后对比

■ **第 2 步 判断逻辑关系，设计版式布局。**

内容之间的逻辑关系是设计 PPT 版式布局的依据，恰当、合理的逻辑有助于加强幻灯片的可视化程度，同时也可降低观众理解 PPT 内容的难度。设计幻灯片的目的其实很简单，就是将抽象枯燥的文本语言通过合理的逻辑关系转化为图示语言。逻辑关系越清晰，观众理解起来越容易。这一步说起来简单，但实际操作时需要制作者了解一些专业知识，具体内容我们将在 2.4 节详解介绍。

■ **第 3 步 补充视觉素材，优化美观度。**

只有文字信息不足以形象地表达和传递信息，制作者还需要借助图片、图标、矢量插图和数据图表等视觉素材丰富幻灯片的表现力。iSlide 插件提供了足够丰富的各类素材资源，帮助制作者方便地一键插入、一键替换素材。

同时，要注意页面的美观，对齐和统一是必须要做到的，但不要做多余的修饰，保持页面规整简洁即可。

2.4 图示逻辑关系

为了避免 PPT 所传达的内容与观众获得的信息出现偏差，制作者需要把演讲内容内在的逻辑关系，以视觉化的形式呈现给观众。下面简单介绍一下文字信息转化成图示语言时，常用的图示逻辑关系。

2.4.1 并列关系

并列关系是 PPT 设计中最常用的一种图示关系。如果制作者所要表达的几条信息之间层级平等，没有先后、主次之分，那么就应该选择使用并列关系来呈现视觉元素，如图 2.55 所示。

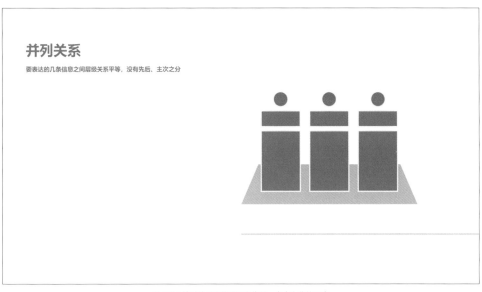

图 2.55 并列关系要呈现没有先后、主次之分的元素

我们应该尽量简洁明了地呈现 PPT 中的内容，同时注意页面美观整洁，方便观众阅读。常用的并列关系图示如图 2.56 和图 2.57 所示。

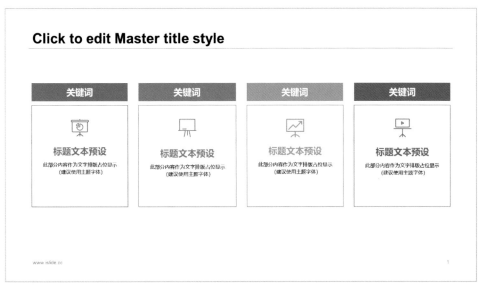

图 2.56 常用的并列关系图示

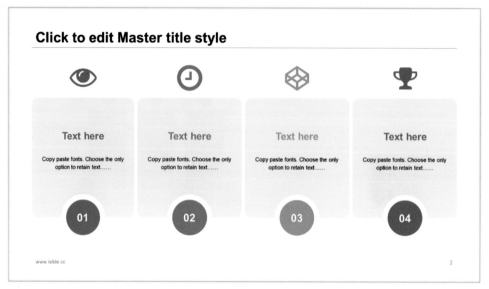

图 2.57 增加了视觉元素的并列关系图示

必要时可以增加图片作为辅助元素，使 PPT 页面更加饱满丰富，如图 2.58 所示。

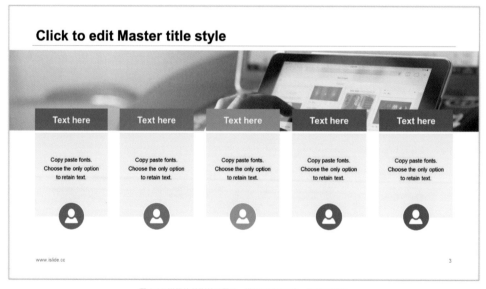

图 2.58 常用的并列关系图示，增加了辅助元素，视觉更饱满

除了横向的并列，也可以采用纵向并列图示。当然，并列关系的图示结构不仅限于上面

几种，如果想了解更多类型的并列关系图示，可以打开 iSlide 插件图示库，选择列表关系查

看更多类型，并灵活运用到自己的 PPT 设计中，如图 2.59 所示。

图 2.59 纵向并列关系图示

2.4.2 强调关系

如果需要对几项内容当中的某一项突出展示，制作者可以通过多种方法对其进行强调，如图 2.60 所示。

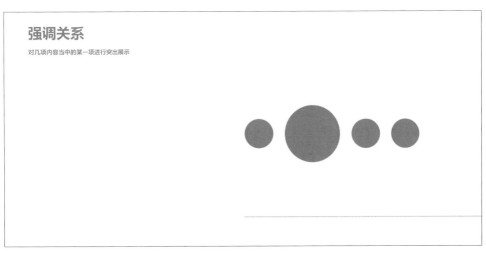

图 2.60 突出需要强调的元素

这里所说的强调关系，本质上还是属于并列关系。以下是两种最常用的强调方法，如图 2.61 和图 2.62 所示。

1. 改变大小

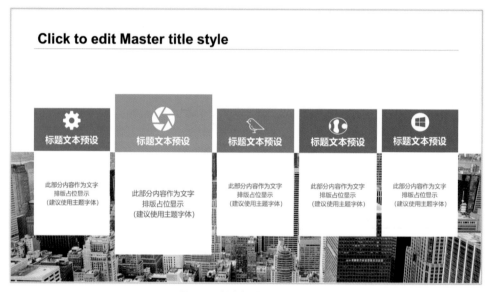

图 2.61 通过改变大小来突出重要元素

2. 改变颜色

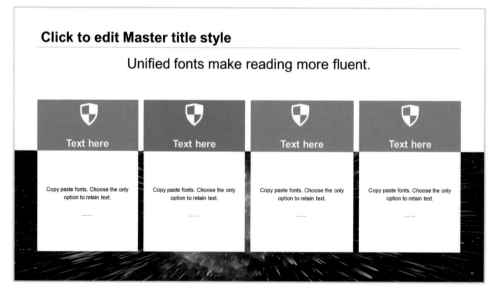

图 2.62 通过改变颜色来突出重要元素

2.4.3 对比关系

同一逻辑层级的两个信息之间存在某种冲突、抗衡或比较的时候，两者之间就形成了对比关系，如图 2.63 所示。

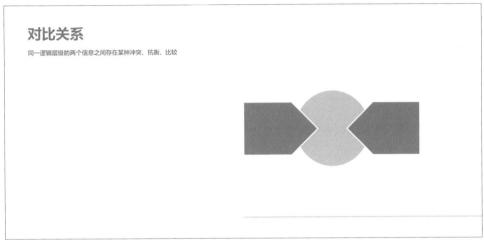

图 2.63 对比关系用于表现信息之间的冲突、抗衡与比较

对比关系也可以理解成一种特殊的并列关系，最常用的表现手法是通过箭头来突出两个信息之间的对抗和比较，如图 2.64 和图 2.65 所示。

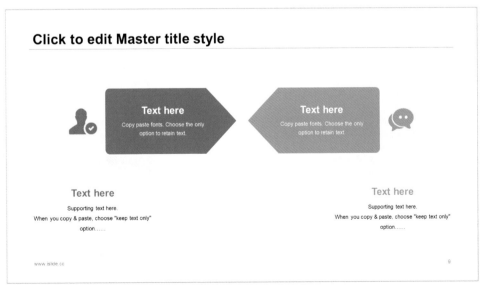

图 2.64 利用箭头强调信息间的冲突

图 2.65 箭头强调了信息间的对比

对比关系的图示在 iSlide 图示库中也有很多资源可以参考，选择数量级为 2 的图示资源就能找到它们。

2.4.4　总分关系

总分关系的逻辑图示也比较常见。从层级关系来看，总分关系一般包括两个层级：第一级只有一个信息点；第二级包含多个并列关系的信息点，如图 2.66 所示。

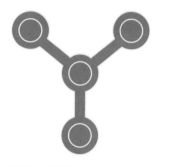

图 2.66 典型的总分关系图示

这种"一对多"的信息表现形式在 iSlide 插件图示库的层次结构类型中有很多现成的样式。下面列举几个简单的总分关系图示，如图 2.67 至图 2.70 所示。

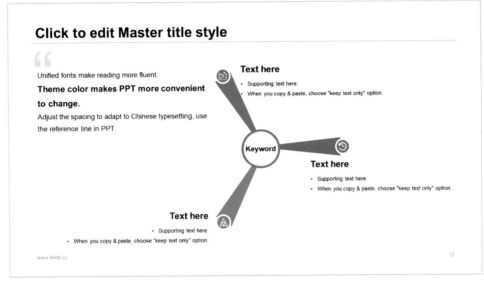

图 2.67 一个中心，三个论点的图示

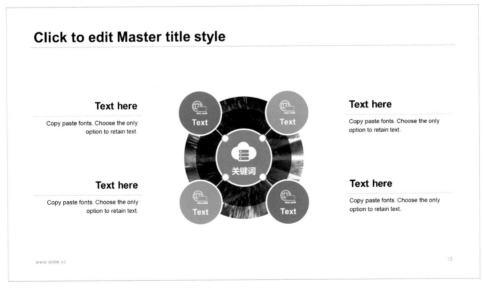

图 2.68 一个中心，四个论点的图示

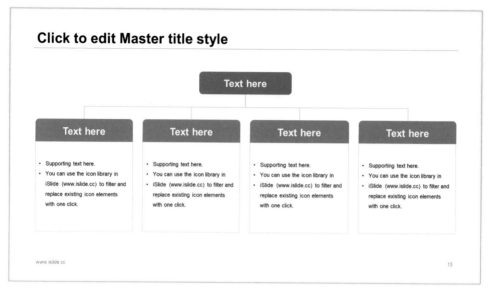

图 2.69 一个标题下含有 4 个小标题

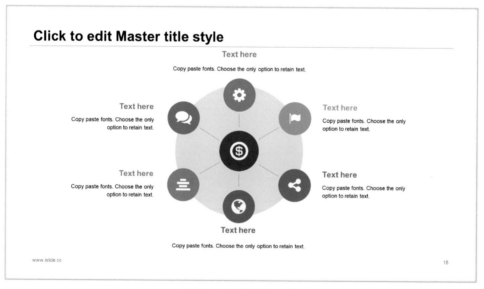

图 2.70 一个主题包含多个小主题

　　组织架构图也属于总分关系，通常具有树状结构，可表达层级关系。组织架构图的应用场景很多，比如呈现团队职能关系和展示某个系统功能结构等。组织结构图能够清晰地呈现出各信息之间的逻辑关系，如图 2.71 所示。

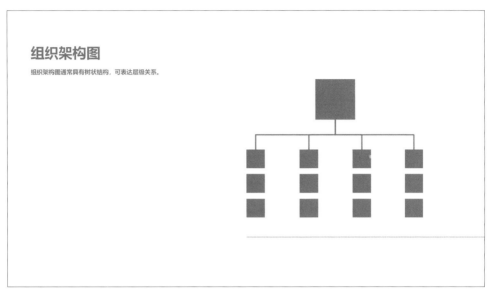

图 2.71 组织架构图能够清晰地呈现出各部门或人员之间的上下级关系

PPT 自带的 SmartArt 是个不错的选择，如果不想借助任何其他工具而快速制作出一个组织架构图，首选 SmartArt，如图 2.72 所示。

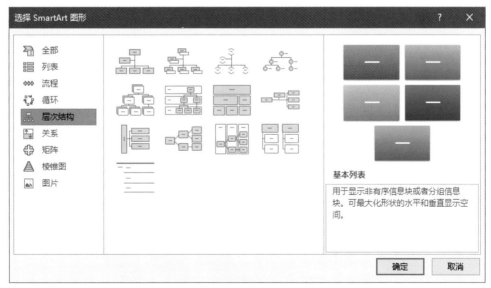

图 2.72 SmartArt 是制作组织架构图的首选

iSlide 图示库中也提供了一些组织架构图的设计样式，在层级结构分类下选择插入和使用即可，如图 2.73 所示。

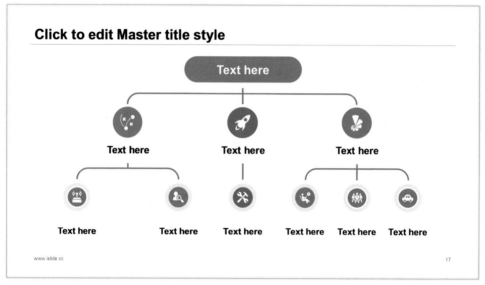

图 2.73 组织架构图示

2.4.5 流程关系

如果一系列的信息或者项目在逻辑上有先后顺序，那么这几个信息就构成了流程关系，如图 2.74 所示。

图 2.74 流程关系用来展现一系列具有先后顺序且有起点和终点的信息关系

流程关系一般都有一个固定的起点，比如项目发展时间轴、某项工作的流程等，如图 2.75 和图 2.76 所示。

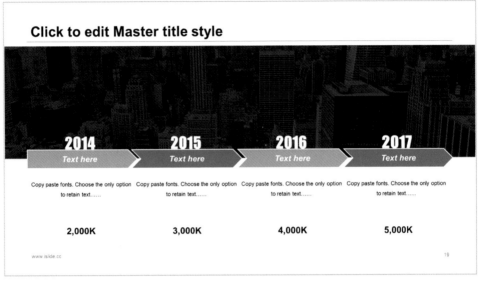

图 2.75 突出时间顺序的流程关系图示

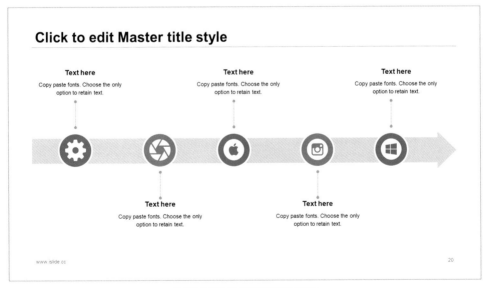

图 2.76 突出作业先后顺序的流程关系图示

2.4.6 循环关系

如果在一个流程关系中，信息在某一个节点之后又回到起点循环往复，就会构成循环关系，如图 2.77 所示。

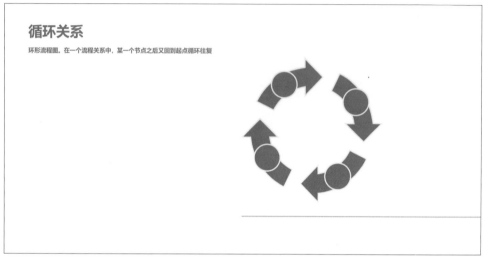

图 2.77 典型的循环关系图示

也就是说，将流程关系头尾相接，就会变成一个循环关系。因此循环关系的图示也叫环形流程图，表示一个没有终点的流程，如图 2.78 和图 2.79 所示。

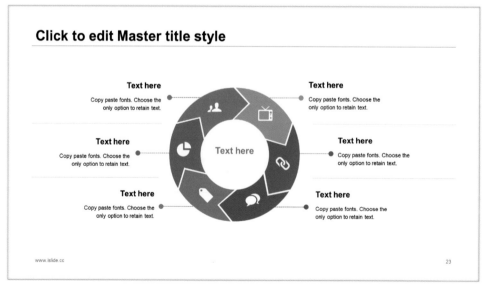

图 2.78 循环关系图示案例

图 2.79 扁平化循环关系图示设计

2.4.7 等级关系

如果多个信息之间在逻辑关系上有严格的等级之分、高低之别，那么这几个信息就构成了等级关系，如图 2.80 所示。

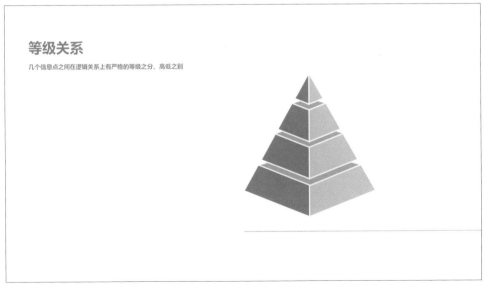

图 2.80 典型的等级关系图示

棱锥图适合表示这种"等级森严"的逻辑关系。

iSlide 图示库分类中有一项叫做"棱锥",其中有非常多的棱锥图示,如图2.81和图2.82所示。

图 2.81 扁平化等级关系图示设计

图 2.82 具有立体感的等级关系图示

以上是 PPT 设计中最常用的一些逻辑关系，希望大家有所了解。在制作 PPT 的过程中尽量避免使用大量文字展示信息，而应灵活运用图示化语言呈现 PPT 所要表达的观点。掌握这些常用的逻辑关系图示，足够应付大多数 PPT 设计任务。

当然，信息的视觉化呈现，图示逻辑关系远不止这几种，如果大家有兴趣，可以自行深入研究。有时候，仅仅通过一种逻辑关系，无法完全表达清楚制作者要传达的观点，多种逻辑图示结合才能使信息表达得更准确。

如果大家想寻找现成的逻辑关系图示，iSlide 插件提供的图示库就是个不错的选择。其中包含 9000 多个图示内容，而且还在不断增加。制作者只需要选择合适的筛选条件，单击中意的图示插入 PPT 即可。

2.5 PPT 辅助工具 iSlide 插件

前面经常提到的 iSlide 插件，是一款基于 PowerPoint 的工具，能够帮助制作者快速高效专业地完成 PPT 设计任务。作为一款优秀的国产 PPT 插件，iSlide 每天都被数以万计的职场人士和大学生使用，无论是它提供的庞大的在线资源库，还是高效便捷的离线功能，都能为制作者节省设计 PPT 的时间。在前面的内容中，本书已经多次提到 iSlide 插件，这一节将更加全面地介绍这款插件工具的使用方法。

登录 iSlide 官网，下载并安装这款插件，安装成功后，打开 PowerPoint，就会在菜单中看到 iSlide 插件的选项，如图 2.83 所示。

图 2.83 打开 PowerPoint 即可看到 iSlide 插件

2.5.1 简单三步快速完成 PPT 设计

在实际工作中，制作 PPT 往往都是最紧急的任务。比如每次刚开完会定好方案，第二天领导就急着要 PPT。也许有些人会从网上下载 PPT 模板渡过难关，但是要在自己收藏的文件夹里找到合适的模板真是堪比大海捞针。

下面给大家介绍一下利用 iSlide 插件快速制作一份 PPT 的方法。

▌ 第 1 步 确定统一的视觉外观。

美观的网页设计会让人忍不住多看几眼，吸引观众的可能是漂亮的色彩、精美的图片、简洁规整的排版……但是从整体上来看，它们都有一个统一的视觉外观。

举个例子，当读者们一眼扫过如图 2.84 所示的 4 个网页的时候，能直观地感受到每一个网页设计内部都自成体系，它们各自都有鲜明的"基调"。这种"基调"体现在统一的主色调、统一的字体和行间距、重复出现的相似性元素，等等。

图 2.84 每个网页都有各自鲜明的"基调"

同理，制作者在设计 PPT 的时候，也应该具有这种统一整体的意识和自觉性，像设计师一样思考，像设计师一样制作 PPT。

每套 PPT 都应该有统一的"基调",因此需要从颜色、字体、风格、版式等方面建立统一性。但是如果制作者没有接触过专业设计知识,这种尝试可能会让人痛苦不堪。

好在 iSlide 主题库为制作者提供了便利,它能让制作者一键获得一套统一的视觉外观,如图 2.85 所示。

图 2.85 一键获得一整套具有专业水准的视觉外观

iSlide 主题库里全是由专业设计师做好的主题,那些琐碎的细节已经全部设计好了。无论是述职报告、会议总结,还是党政报告、商业计划书,都可以在主题库里找到,如图 2.86 所示。

图 2.86 iSlide 主题库提供了丰富的选择

很多初次使用 iSlide 主题的制作者可能会产生这样一个疑问：通常网上下载的那些"模板"里面都是几十页的成品，而这里的主题为什么只有七八页呢，难道 iSlide 只提供一个外观框架而不提供 PPT 内页设计吗？

当然不是，打开图示库看看，有接近一万个内页图示，如图 2.87 所示。制作者只需要根据前面讲过的将文字内容图示化的方法，选择合适的图示插入 PPT 就好了。这也是下一步要做的事情。

图 2.87 iSlide 提供的图示丰富且专业

▌ **第 2 步 PPT 内页设计呈现。**

在上一步中确定了统一的视觉外观，简单来说就是已经做好了一套 PPT 的"皮肤"，如图 2.88 所示。

图 2.88 PPT 此时已有了一套皮肤

接下来对内页的设计，制作者只需要插入合适的图示即可。

iSlide 插件的图示库功能，也可以理解成单页 PPT 模板，制作者可以根据自己具体的需要来选择合适的图示插入 PPT。不必担心图示资源的颜色问题，图示库中的资源全部可以自适应当前 PPT 的主题颜色。

比如需要制作一个目录，那就在图示库的分类选项中选择"目录"，然后选择一个合适的目录设计插入到封面页后面，如图 2.89 所示。

图 2.89 选择一个合适的目录设计插入到封面页后面

章节过渡页是主题自带的，需要几个章节就复制出几页，修改一下标题文字即可。

如果需要一个流程关系的图示展示公司的发展历史，那么直接在图示库分类中选择"流程"关系分类，如图 2.90 所示。

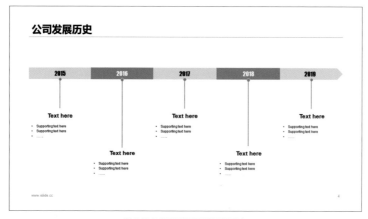

图 2.90 使用流程图示展示公司历史

展示公司的组织架构，可以选择一个"层次结构"图示，如图 2.91 所示。

图 2.91 "层次结构"图示用来呈现组织架构

如果需要做 SWOT 分析，可以选择"矩阵关系"，数量级选择 4，就会有很多适合 SWOT 分析的图示供制作者选择，如图 2.92 所示。

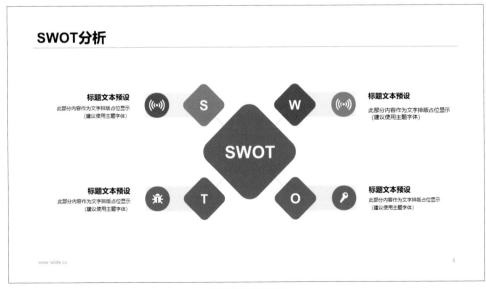

图 2.92 SWOT 分析图示

这就是 iSlide 图示库在灵活性和便捷性方面的优势，它跟所谓的"模板"相比起来，适配性和可编辑性更强。

当然，图示自带的素材元素肯定无法与制作者的内容完全匹配，因此需要借助图标库、图片库、插图库来替换其中的元素。替换操作同样非常简单，选中被替换的元素，然后单击图标库、图片库和插图库里的元素即可完成替换，如图 2.93 至图 2.95 所示。

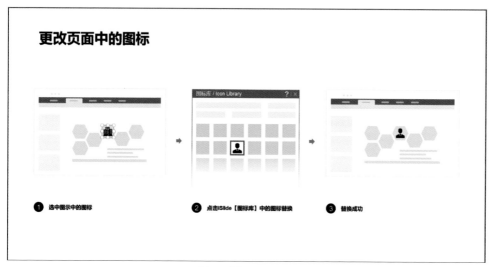

图 2.93 替换页面中的图标

图 2.94 填充图示中的图片

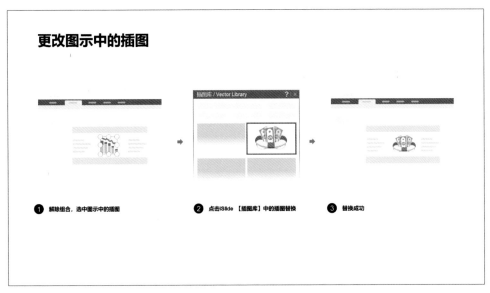

图 2.95 更改图示中的插图

对数据的展示，可以利用 iSlide 智能图表库。智能图表库提供的丰富多彩的个性化图表能让数据展示更出彩，如图 2.96 所示。

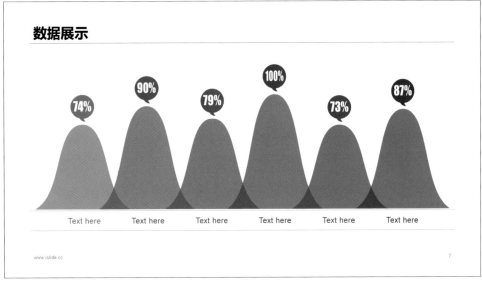

图 2.96 个性化图表可以让数据展示更出彩

当然，智能图表的厉害之处不在于提供丰富的图表样式，而在于它强大的编辑器功能。选中插入的智能图表，单击右上角的编辑器图标打开智能图表编辑器，可以通过拖动滑块和修改数值直接改变数据大小，还可以快速修改颜色，如图 2.97 所示。

图 2.97 智能图表拥有强大的编辑器功能

使用 iSlide 图片库，能很方便地获得高清可商用的图片资源，大大节约了找图片素材的时间。更改矢量插图也变得极其简单，选中直接替换。iSlide 的所有资源库都可以为每一页 PPT 服务，让每一页 PPT 更完美。

▍第 3 步 一键更换色彩搭配。

通过前面两个步骤，我们即将完成一套 PPT 的制作。当全部页面设计完成之后，如果想要看看 PPT 在不同色彩搭配下的效果，可以打开 iSlide 色彩库，这里面准备了上百种色彩搭配，其中不乏国内外知名企业的官方配色。只需轻轻一点，整套 PPT 都会变换颜色。假如领导对你选择的颜色搭配不满意，要让你换一套配色。放在以前，领导一句"换一套颜色"的要求可能需要你熬一个通宵，但是现在借助 iSlide 色彩库，你也许只点一下鼠标就能完成。

图 2.98 使用 iSlide 色彩库，可以轻松更换配色

图 2.99 一键更改配色方案，从此不再熬夜

在 iSlide 插件的辅助下，通过以上 3 步，可以快速制作完成一份专业级的 PPT。iSlide 资源库几乎包含了 PPT 设计中用到的所有素材资源，即插即用，替换方便。

当然，除了资源素材库外，iSlide 插件提供的众多一键化离线功能也非常实用，这里不再一一介绍，有兴趣可以打开插件上的"课堂"观看详细的视频讲解，如图 2.100 所示。

图 2.100 打开插件上的"课堂"，学习更多更详细的视频讲解

2.5.2 PPT 一键拼长图，无需借助 PS

将制作好的 PPT 文档拼成长图，可以获得更好的预览效果，尤其是需要发给别人预览的时候，PPT 拼图是日常使用中不可或缺的功能。但是很遗憾，PowerPoint 软件并没有直接提供这样的功能，如果需要制作 PPT 拼图，只能借助 Photoshop 等工具软件才能完成拼接。幸运的是，iSlide 提供的 PPT 拼图功能解决了制作者们拼长图的痛点。现在，iSlide 可以让制作者一键生成长图展示，以获得在微博、微信等移动端浏览查阅的滑屏效果——那些火爆热传的个性化信息数据长图再也不仅仅是设计师的专属。只要借助 iSlide，你也能创建出信息图效果，如图 2.101 所示。

（接上页图）

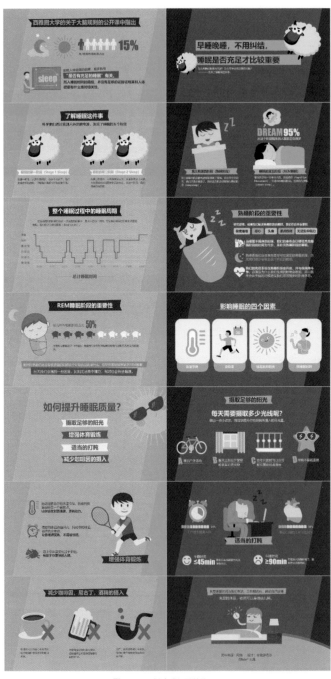

图 2.101 一键生成长图效果

在 iSlide 插件工具组中，单击"PPT 拼图"按钮即可打开功能主界面，如图 2.102 所示。

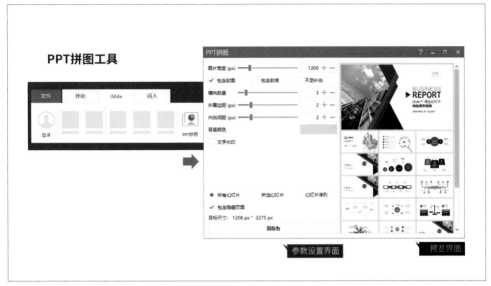

图 2.102 PPT 拼图设置

▎第 1 步 设置导出图片的大小。

设置"图片宽度"选项，预设导出图片的宽度分辨率，如图 2.103 所示。

图 2.103 设置导出图片的大小

■ **第 2 步 设置导出的 PPT 长图排版。**

可以根据实际需要设置是否包含封面封底、横向 PPT 数量以及边距大小，如图2.104 所示。

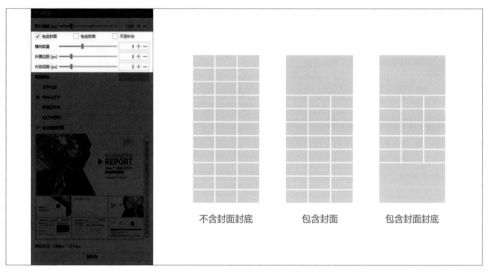

图 2.104 更多导出设置

■ **第 3 步 自定义 PPT 长图水印。**

在打开的"PPT 拼图"设置窗口，勾选 "文字水印"选项，就可以自定义水印；不勾选"文字水印"选项，默认无水印，如图 2.105 所示。

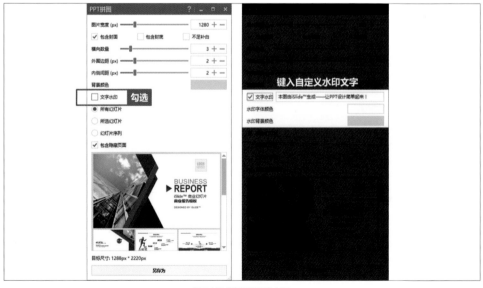

图 2.105 根据需要设置水印

2.5.3 PPT 瘦身，轻松减小文档存储空间

做好的 PPT 会因为文件过大而无法发送邮件，或者放映的时候变得很卡，那么有没有什么办法可以便捷地给 PPT 减减肥，让 PPT 文件小一点呢？iSlide 插件提供的 PPT 瘦身和文件分析这两个功能可以帮你迅速使 PPT 文件变小。

在 iSlide 插件"工具"组中，单击"PPT瘦身"按钮，会弹出如图 2.106 所示的操作窗口。

在"常规瘦身"中，只需要勾选需要删除的项目，单击"应用"按钮即可完成。文档中未使用的母版版式、页面中添加的动画、在选择窗格中被隐藏的对象、不在幻灯片画布内的对象、文档中的备注和批注等都会被自动检测出来，根据需要，勾选对应的项目进行删除，能够快速使文档变小。

图 2.106 "PPT 瘦身"设置面板

在"图片压缩"中，拖动"整体质量"选项滑块，或直接键入压缩比例的数值，即可迅速压缩文档中的所有图片，大大减小文件存储空间。

使用"文件分析"功能，可查看当前文档的每一页幻灯片以及母版版式的文件内存占用情况。在 iSlide 插件"工具"组中，单击"文件分析"按钮即可启用。

将 PPT 文件保存后，使用"文件分析"功能一键检测出文档页面元素占文件总大小的详情，双击鼠标可以直接跳转到该目标页面，如图 2.107 所示。直接单击幻灯片编号可以打开下拉子列表，看到每页幻灯片的统计元素：基础、图表、图示、嵌入、图片、其他。单击"幻灯片概览"可以一键收起所有幻灯片详情分析下拉菜单。单击"排序"按钮，软件会自动按幻灯片占用的内存大小进行排序，如图 2.107 所示。

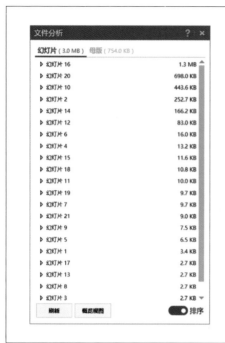 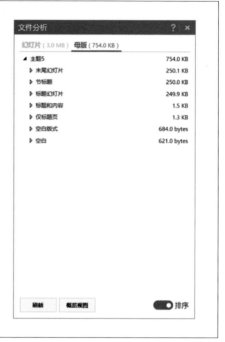

图 2.107 "文件分析"功能可以让制作者随时查看文件大小

第 **3** 章

打磨 PPT 视觉细节
专业设计师不会告诉你的 PPT 美化技巧

通过前两章的学习，相信大家对 PPT 设计已经有了比较全面的认识和了解，平时只要多加练习，一定能够轻松应对日常工作和学习中的 PPT 设计任务。本章是前两章的延伸和补充，介绍了 PPT 设计中的进阶技巧。这一部分将会介绍 PPT 图片优化和排版技巧、数据图表的设计呈现技巧，以及 PPT 样机图的基础设计方法。这些内容都是基于前面介绍的标准规范，进一步提升演示文档视觉呈现的专业性。

3.1 图文排版设计

图文排版是 PPT 设计中不可或缺的信息呈现方式。在长期的 PPT 设计过程中，我们总结出了一些相关的经验和技巧。

3.1.1 图片在 PPT 中的作用

PPT 中的图片大体上有两种用途：一是作为内容；二是作为修饰。制作文档时需要根据图片的不同用途，来设计 PPT 的版式布局，如图 3.1 所示。

PowerPoint中插入的图片
主要有以下两大用途

图片作为内容
需要在演示中被识别和关注

图片作为修饰
与内容配合作为一种设计辅助

图 3.1 PPT 中的图片用途有两种

当作为内容（包括产品、人物或者软件截图）时，图片需要在演示中被重点阅读和关注。我们来看下面两个案例，分别是产品介绍和人物介绍的图文排版设计。

如图 3.2 所示，PPT 中的图片代表着不同的产品，不能随意使用另一张不相关的图片来替代。这些图片就是作为内容出现的，和文字的作用一样，需要被阅读和关注。

如图 3.3 所示，PPT 中的 3 张照片，对应着 3 段人物介绍，图片作为内容与文本相对应。

主要产品介绍
Product introduction

   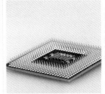

Lorem ipsum dolor sit amet, consectetuer adipiscing elit. Nunc viverra imperdiet enim. Fusce est. Vivamus a tellus.

Nunc viverra imperdiet enim. Fusce est. Vivamus a tellus. Lorem ipsum dolor sit amet, consectetuer adipiscing elit.

Fusce posuere, magna sed pulvinar ultricies, purus lectus malesuada libero, sit amet commodo magna eros quis.

Pellentesque habitant morbi tristique senectus et netus et malesuada fames ac turpis egestas.

图 3.2 产品图片在 PPT 中的应用

OUR CREATIVE FOECE

Inset some short and brief lorem ipsum explanatory text about title here

MICHAEL AWERSON , BA

Creative Manager & Founder

Twitter: @m.Awerson

Laura Roshtekhil , BA

Creative Senior Marketing Manager

Twitter: @L.Roskhtekhil

MS.JULIA QUEENTUN , FLA

Creative Software & Engineer

Twitter: @Julia, Queentun

iSlide-让PPT设计简单起来！　　　　www.islide.cc　　　　2

图 3.3 人物图片在 PPT 中的应用

当图片作为内容出现的时候，在设计 PPT 时需要尽可能地保持图片的简洁，避免出现复杂的设计效果，同时要尽可能保持规则和布局的统一，以及井然有序的排列。

作为内容为主的图片设计方法

简洁
避免复杂的设计效果
（阴影，倒影等）

统一
尽可能保持或处理成
大小，形状一致

整齐
避免随意的摆放
保持图片的规则排布

图 3.4 当图片作为内容时的设计原则

简洁：PowerPoint 软件内置了多种演示效果，比如阴影、映像、发光、三维旋转、柔化边缘、棱台，等等。PPT 新手很容易被这些华丽的预设效果所吸引，恨不得把各种效果全都用在一个 PPT 中，结果导致"越用心，越丑陋"。因此，我们要摒弃那些看上去华丽的效果，简化设计，直观呈现内容。

统一：为了保持视觉上的和谐统一，将图片尽可能处理成一致的形状和统一的大小，让同类的元素保持设计上的一致。

整齐：所谓的整齐，就要求所有图片在样式统一的基础上严格对齐。规则一致的排列能让所有元素井然有序地呈现在页面中，营造出和谐的秩序感。

工具辅助：

iSlide 插件专门为 PPT 排版设计提供了一组快捷操作，这些快捷操作被统一集成在"设计工具"面板中。下面选择其中的 3 组工具做简要介绍。

1. 对齐工具

虽然 PowerPoint 提供了对齐功能，但是它们深藏在软件菜单中，每次使用都需要制作者多次单击鼠标才能找到。iSlide 将对齐功能统一放置在"设计工具"面板中，极大地提高了元素对齐的操作效率（PPT 熟手可能会选择将这些功能加入快速访问工具栏来减少鼠标单击次数，这也是一种有效的解决方式），如图 3.5 所示。

图 3.5 iSlide 对齐功能

对齐工具可能是 PPT 设计中使用频率最高的功能。相比于手动拖动、肉眼对齐的设计方式，对齐工具可以帮助制作者一键实现严格精确的元素对齐。但需要注意，对齐分为"对齐到幻灯片"和"对齐到对象"两种模式。对齐到对象，是以所选对象作为对齐基准；而对齐到幻灯片，则是以幻灯片页面作为对齐基准。如果不太理解的话，可以通过实际操作来体验两者的区别。

2. 统一大小工具

当选中两个以上元素的时候，iSlide 插件中的统一大小工具可以一键统一所有选中元素的宽、高和大小。实现等宽、等高、等大小的基准，是最后选中的元素，这一点需要在设计中时刻铭记。

3. 调整图层顺序工具

PPT 页面中的所有元素都有各自独立的图层，默认的图层顺序是按照设计时插入的先后顺序排列的。在设计过程中，时刻需要重新调整元素图层的顺序。如图 3.6 至图 3.8 所示，在 iSlide 插件"设计工具"面板中，制作者可以很方便地改变图层顺序。

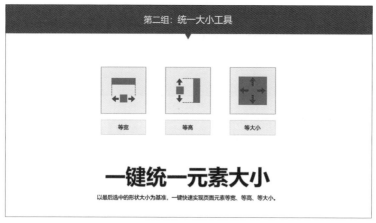

图 3.6 iSlide 统一大小工具

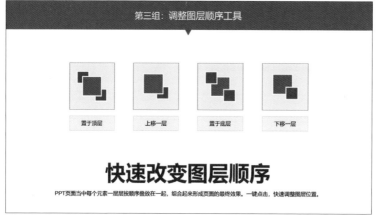

图 3.7 iSlide 调整图层顺序工具

图 3.8 iSlide 调整图层顺序工具原理

PowerPoint 软件提供的图层功能叫做"选择窗格",按快捷键 Alt+F10 可以快速打开选择窗格,在这里可以对页面中的所有元素进行查看、选择和拖动改变图层顺序的操作,也可以对元素进行隐藏和显示操作。

如图 3.9 至图 3.11 所示,当图片用于修饰时,图片本身并不是传递信息的重点,而是作为一种辅助性设计元素丰富画面或者增强设计感。

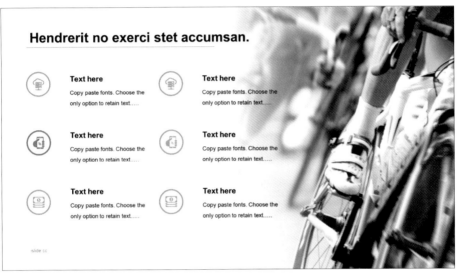

图 3.9 图片作为修饰,用来丰富画面或者增强设计感

图 3.10 图片虽不是重点,却丰富了画面

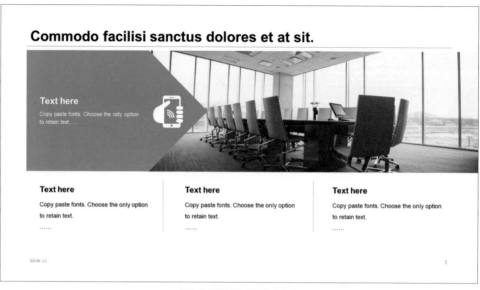

图 3.11 图片展现了页面的专业性

　　以上案例中的图片与文字内容并没有严格意义上的对应关系，只作为辅助性的修饰元素呈现在画面当中。

　　如图 3.12 所示，以修饰为主的图片，在设计时可能需要注意以下 3 点：尽可能选用简单干净的图片，不建议使用过于复杂的图片；保持图片样式低调，减少多余的效果，不要喧宾夺主；通过裁剪功能，选择图片合适的范围呈现，也是有效的方法之一。

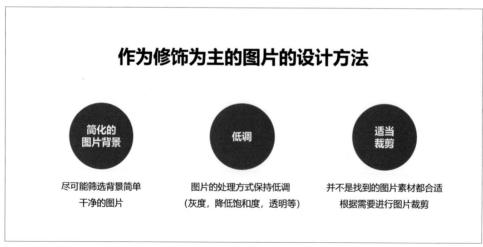

图 3.12 修饰类图片的使用原则

3.1.2 多图排版设计

当需要在 PPT 中插入多张图片的时候，需要留意的细节包括：统一的规格、正常的比例、规则的排列等。图片需要在大小、形状、效果上做到统一。正常的比例很重要，很多置入 PPT 的图片在调整大小时，会被挤压变形，而这一点在 PowerPoint 中是完全可以避免的；而对于规则的排列，之前介绍过对齐排列工具，在这里仍然适用，如图 3.13 所示。

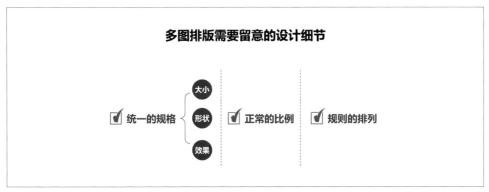

图 3.13 多图排版时需要考虑的设计细节

经验　图 3.14 所示是一组排列规则的图片和图形的组合，在实际操作中，如果将这些图片一张张地插入 PPT，制作者就得逐个对它们进行编辑，比如把图片调整到合适的位置和大小，都是重复性的工作。那么，有没有办法可以简化这些操作呢？

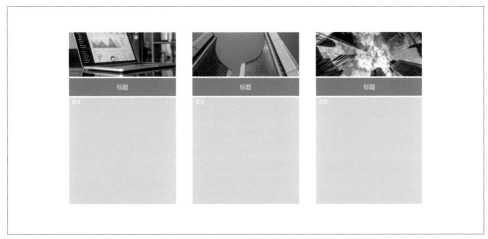

图 3.14 PPT 中包含多张图片

我们可以换一种思路来做这样一个图示：将图片对应的位置用一个形状（矩形）暂时替代，这个矩形代表的就是我们要插入的图片。接下来，选中这个形状，然后用鼠标右键单击它，在"设置形状格式"中选择"图片或纹理填充"选项，就可以把要使用的图片直接以填充的方式放置在标准大小的形状中，如图 3.15 所示。

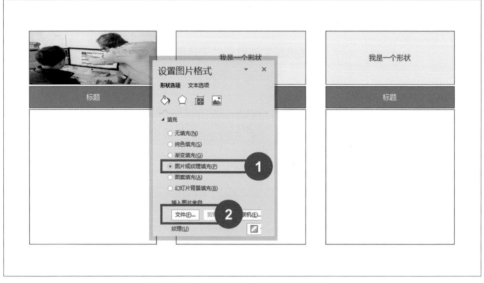

图 3.15 用图片或纹理填充形式，可以简化重复性操作。

但有时候，图片大小虽然一致了，但会发生挤压和变形。没有关系，在 PowerPoint2010 或更新的版本中，这些都不是问题了。鼠标双击变形的图片，在图片"格式"菜单中选择"裁剪"下拉菜单中的"填充"，图片就会还原到原始比例。这样的填充裁剪操作非常人性化，不仅恢复了变形的图片，而且被裁减的部分并没有完全裁剪掉，它只是被蒙版隐藏起来。制作者可以在裁剪状态下，在这个框中移动和调整图片，让图片以最完美的状态呈现在画面中。

如果安装了 iSlide 插件，那么填充图片的操作就变得更加简单了。制作者只需要选中一个形状，然后鼠标单击一下图片库中的图片，这个图片就会自动填充到形状中，而且大小和比例刚刚合适，也不会发生压缩变形等状况，如图 3.16 所示。

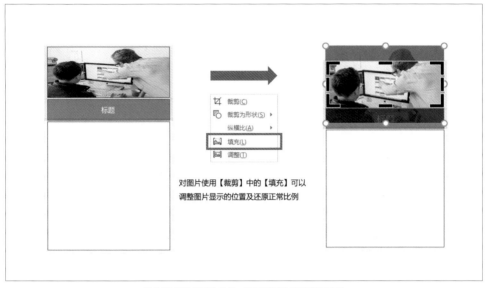

图 3.16 使用"填充"功能，图片可以自动还原到原始比例

3.1.3 PPT 背景图设计

图片作为背景，也属于修饰性的元素，在设计时可以参考一些网页的排版效果，现在比较流行的是如图 3.17 所示的大图搭配半透明色块，并适当加入一些图标的形式，这些效果都可以在 PPT 中实现。

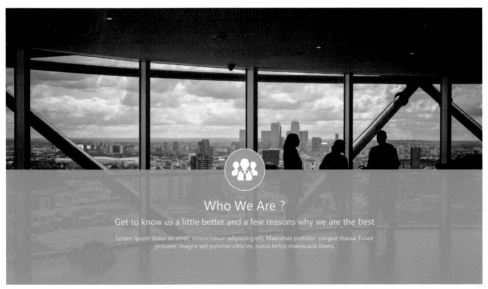

图 3.17 大图搭配半透明色块和图标是时下颇受欢迎的设计

前面提到过,对于这种修饰性图片的处理一般会比较低调,让它能够更自然地与内容贴合,而不至于喧宾夺主。具体的设计方法有:在图片上叠加半透明遮罩、图片去色和图片裁切等,如图 3.18 所示。

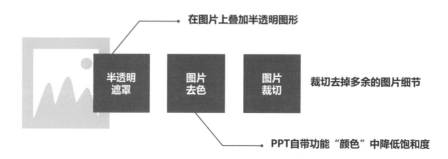

图 3.18 处理背景图片的方法

如图 3.19 所示,背景中的图片只起到辅助修饰的作用,并不需要重点呈现,因此通过叠加半透明色块的处理方式使其变暗,这使得前景的图片和文字更突出。

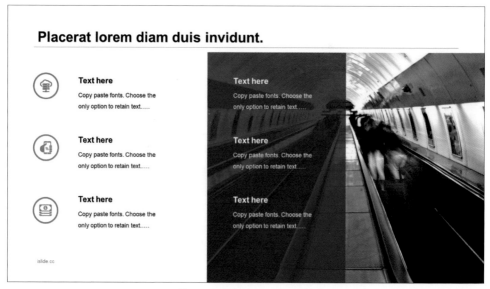

图 3.19 弱化背景图片,从而突出文字

操作技巧：图片的调整

如果置入 PPT 中的图片色彩不是很理想，制作者可以在图片的"格式"菜单中对颜色或者艺术效果重新调整和编辑。最常用的艺术效果是虚化，这个功能可以让图片变得模糊，从而突出呈现前景中的内容和信息，如图 3.20 所示。

图片的调整

图片工具【格式】→ 【校正】/【颜色】/【艺术效果】

原图　　　　　　　　校正（增加对比度）　　　　颜色（去色，饱和度0%）　　　　艺术效果（虚化）

图 3.20 调整图片操作的路径

操作技巧：图片与背景的融合

如图 3.21 所示，页面中的主要信息只有几段文字，如果仅仅是文本的排列，PPT 看上去会显得呆板乏味，更像是一份 Word 文档。为此，我们可以尝试使用恰当的图片来填充空白的区域。

图 3.21 使用图片填充文字之外的空白

可以看到，图 3.21 中的图片大小不能完美地适应空白区域，还发生了严重的变形。为此，尝试将它平铺到 PPT 背景中，并且对图片进行适当的裁剪和取舍，如图 3.22 所示，让图片和背景很好地融合在一起，如图 3.23 所示。

图 3.22 将图片平铺到 PPT 背景中并进行适当的裁剪

现在看起来是不是更专业呢？而这样的设计都用不到 Photoshop，在 PowerPoint 中就能完成。

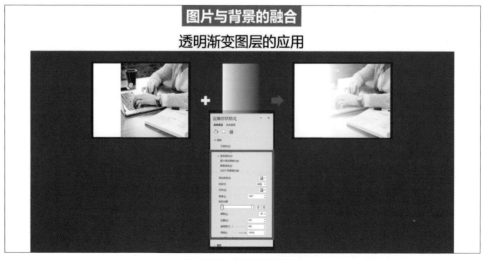

图 3.23 图片与背景融合的操作路径

绘制一个矩形，使用鼠标右键单击矩形并选择"设置形状格式"，在"填充"中选择"渐变填充"，设置两个颜色的渐变，其中一个颜色为背景的白色，将另一端的颜色透明度设置为 100%。

将图片和背景融合在一起，是设计中经常用到的方法，用来改善图文混排的设计效果。同时，因为渐变的遮罩层是独立的，也方便制作者随时替换图片而不影响整体效果。

3.2 PPT 中的渐变设计

前几年，扁平化设计风格在众多设计领域盛行一时。扁平化设计强调使用最少的元素，并排斥使用其他一切复杂的效果，如渐变、阴影、纹理等。也许设计师和大众都多多少少对扁平化设计产生了视觉审美疲劳，最近一两年，渐变风格设计又逐渐回归，如图 3.24 所示。

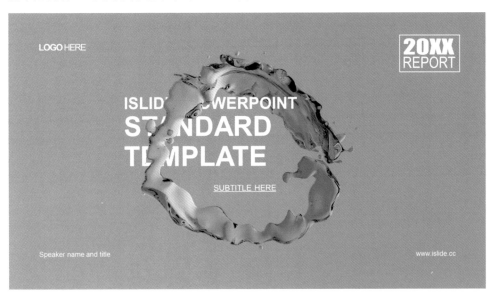

图 3.24 渐变风格的设计

在扁平化设计兴起之初，渐变是设计者们避之不及的"复杂效果"，现在重新回归的渐变风格有着跟以往拟物化设计时代不一样的鲜明特色。无论是网页设计还是手机 App 的 UI 元素，渐变都以一种微妙的方式贴合了这个时代人们对美的追求，如图 3.25 所示。

图 3.25 新时代的渐变风格设计

PPT 设计也像其他平面设计一样紧跟设计趋势，积极拥抱渐变风格。今天，当我们浏览许多设计网站上最新的 PPT 设计时，会发现渐变风格已经占据了主流，如图 3.26 至图 3.30 所示。

图 3.26 设计网站上的渐变风格设计

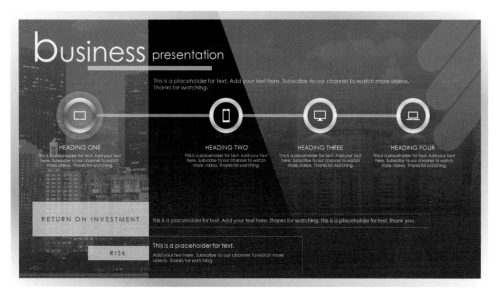

图 3.27 当今的渐变风格设计有了不同以往的特色

图 3.28 渐变风格设计与图片搭配，突出重点

图 3.29 渐变风格设计与文字搭配，呈现出专业效果

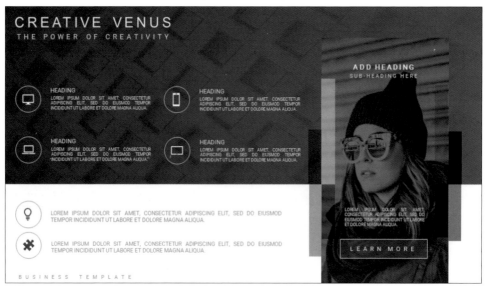

图 3.30 渐变风格设计的典型应用

下面我们就来探讨如何在 PPT 中实现渐变设计。

3.2.1 PPT 中的渐变色填充方法

在 PPT 中，制作者可以对形状、线条和文字等元素进行渐变色填充。

填充渐变色的方法很简单，使用鼠标右键单击目标对象，从菜单中选择"设置形状格式"，然后选择填充类型为"渐变填充"即可。

但是需要注意一点，尽量不要直接选择 PowerPoint 提供的默认渐变预设，因为默认样式不够美观。

打开渐变填充后有几个选项，分别是"预设渐变""类型""方向""角度"以及"渐变光圈"，其中在"渐变光圈"的设置选项中，可以设置每个渐变光圈的颜色、位置、透明度和亮度，如图 3.31 所示。

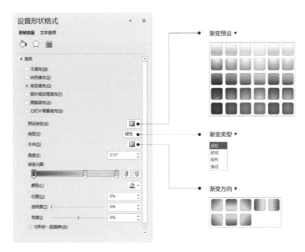

图 3.31 渐变光圈设置

虽然设置选项看起来有点多，但是不必紧张，当了解了每一项对设置渐变有什么作用和影响以后，就可以把心中的渐变之美在 PPT 中呈现出来。

1. 渐变预设

"渐变预设"中提供了一些渐变样式，可以看出这是当前 PPT 包含的 6 个主题颜色的各种单色渐变。我们只需对其有所了解，实际工作中几乎用不到这些预设渐变。

2. 渐变类型、方向和角度

渐变类型有 4 种，分别是线性、射线、矩形和路径。这 4 种类型的渐变方式通过方向和角度的变化，可以实现丰富多样的渐变效果。图 3.32 所示为每一种渐变类型的直观效果。

渐变类型 ▼

线性渐变　　　　　　射线渐变　　　　　　矩形渐变　　　　　　路径渐变

图 3.32 渐变的 4 种效果

接下来通过一个线性渐变的例子，加深我们对渐变设置的理解，如图 3.33 所示。

图 3.33 渐变风格海报

如图 3.34 所示的渐变风格海报，使用了三色的线性渐变，渐变方向是从左下到右上。

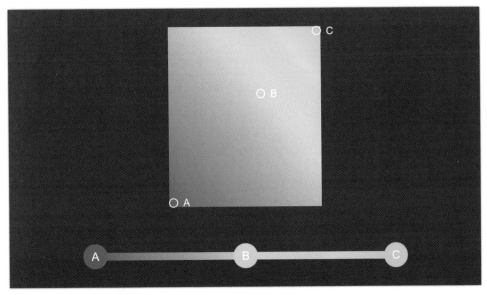

图 3.34 渐变方向是从左下到右上

在"方向"选项中，恰好有一项就是对角线方向上的线性渐变，选择后会发现，渐变角度会自动变成 315°，如图 3.35 所示。

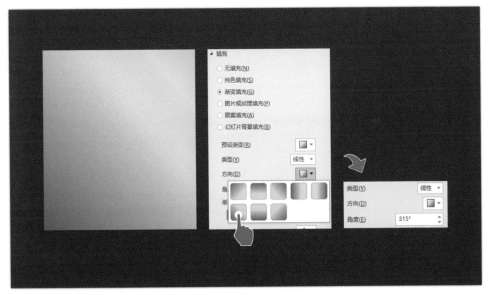

图 3.35 选择对角线方向的渐变

而对于如何在渐变中增加更多的颜色、如何控制每一种颜色在整体渐变中所占的比例、如何调节每种颜色在渐变中的位置等细节，我们需要了解渐变光圈。

3. 渐变光圈

渐变光圈是设置渐变色的核心，每一个渐变光圈代表渐变色中的一个颜色变化。我们可以任意添加和删除渐变光圈，也可以对每个渐变光圈的位置进行调节。

继续以图 3.33 中的渐变背景为例，来看看渐变色的渐变光圈如何设置，如图 3.36 所示。

图 3.36 渐变光圈示意图

虽然可以任意增加或删除渐变光圈，但是不要使用过多的颜色。色彩的使用始终要克制，避免色彩杂乱。

另外，每个渐变光圈中颜色的透明度和亮度也是可以灵活调节的，尤其是透明度的变化，能够催化出新的创造力。

3.2.2 使用渐变色让图片更夺目

在优雅的插画和精美的图片都能在彩色渐变的加持下，网站气氛焕然一新，网页变得光彩夺目。

在制作 PPT 时也可以借鉴这种处理方式，提升 PPT 的专业感。

首先，彩色渐变能使图片瞬间变得耳目一新，却不会增加观众的阅读负担 。其次，通过搭配传递不同情绪的色彩，丰富了页面设计。最后，作为一层半透明的遮罩，它不但不会掩盖背景主图的魅力，还为上层的文字内容提供了坚实的背景基础，兼顾了可读性，如图 3.37 和图 3.38 所示。

图 3.37 应用了渐变效果的人像页面

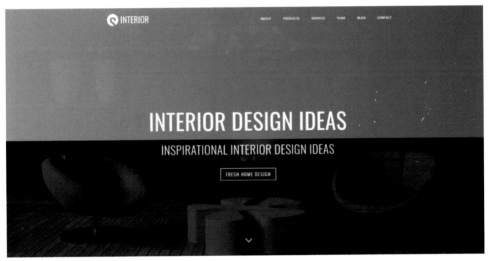

图 3.38 应用了渐变效果的广告页面

1. 渐变填充在全图型 PPT 中的使用

在全图型 PPT 设计中，巧妙地借助渐变遮罩层，能让页面更有视觉吸引力，如图 3.39 所示。

这种呈现方式在 PPT 中做起来也很容易。如果把这个 PPT 页面中的元素分层拆开来看，画面中所有的构成元素都一目了然：最底层是一张图片，第二层是一个渐变填充的矩形，再往上是两个修饰性的渐变色块，最顶层是文字，如图 3.40 所示。

图 3.39 全图型 PPT 应用渐变后的效果

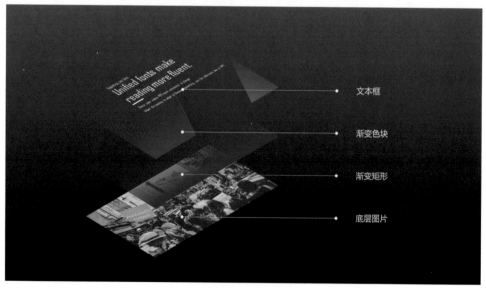

图 3.40 全图型 PPT 的构成元素

　　在这个案例中，形状的填充都是单色渐变，而且还存在透明度的过渡，这种在单色渐变中使用透明度进行过渡的设计方法大家应该熟练掌握。

2. 利用渐变实现图片与背景的完美融合

有时候我们需要在图片上面添加渐变填充图层，来实现图片与背景的融合，如图 3.41 所示。

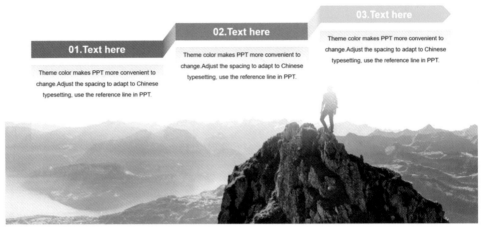

图 3.41 通过添加渐变填充图层，实现了图片与背景的融合

在这一页幻灯片中，图片上面添加了一个白色的单色渐变，透明度由 0% 到 100% 过渡，使得图片能够跟白色背景很好地融合，如图 3.42 所示。

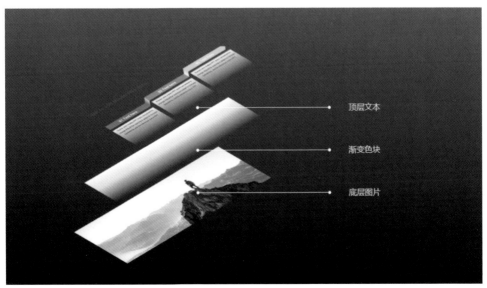

图 3.42 示例 PPT 的构成元素

由于图片并不能填满整个背景，如果不添加白色渐变色块，底层图片就会在画面中间产生一个突兀的边界，影响页面的美观，如图 3.43 所示。

图 3.43 由于没有添加白色渐变色块，底层图片就会在画面中间产生突兀的边界

这一页 PPT 看起来就像是一个半成品。所以，当图片不能填满整个页面，或者在页面中产生突兀感的时候，不妨试一试渐变色块，它能让图片更和谐。

3.2.3 利用 iSlide 补间实现创意渐变

iSlide 提供的"补间"功能可以创造出非常丰富的视觉效果，就怕你的脑洞不够大。在制作渐变背景的时候，"补间"功能也能带给制作者极大的便利。

如图 3.44 所示的渐变背景案例，就是用 iSlide"补间"功能一键生成的。

图 3.44 使用 iSlide"补间"功能实现渐变背景

如图 3.45 所示，首先画两个圆：一个蓝色的大圆完全遮盖住 PPT 页面；然后在页面中任意位置画一个很小的绿色圆形。接下来打开"补间"功能，依次选中两个形状，将"补间数量"设置为 50，不要勾选"添加动画"选项，直接单击"应用"按钮即可。一键生成渐变背景，就是这么简单。

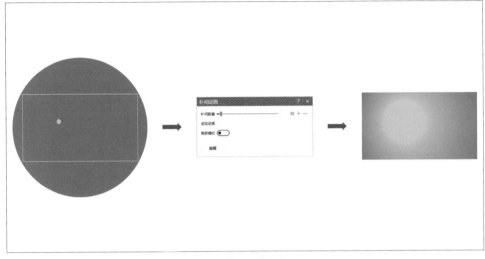

图 3.45 "补间"设置

同样的操作，我们可以将菱形、三角形、平行四边形、正多边形等各种形状，一键生成形形色色的渐变背景。减少"补间数量"中的数值，还能产生渐变过渡的纹理效果，如图 3.46 所示。

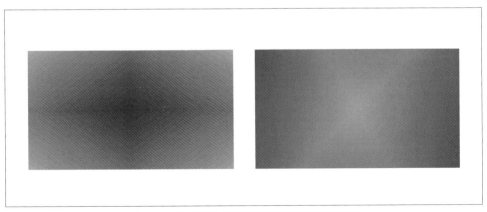

图 3.46 减少"补间数量"中的数值能产生带有纹理效果的渐变过渡

制作者可以发挥创意，利用补间动画功能，创建更丰富的渐变背景。

111

3.3 数据图表的个性化呈现

对数据的呈现是 PPT 演示中不可忽视的内容。专业咨询公司发布的 PPT 报告中的大部分内容是各种数据图表；公司职员或学生在做报告或汇报时，也会使用大量醒目的统计资料，这些数据图表能够大大增强内容的说服力。

英国著名的数据记者和信息设计师大卫·麦坎德利斯（David McCandless）在他的 TED 演讲"数据可视化之美"中说："如果你在一个密集的信息丛林中航行，遇到美丽的图形或可爱的数据可视化，这是一种解脱，就像在丛林中穿过一片空地。"

图 3.47 信息设计师大卫·麦坎德利斯

今天，各种各样的信息图表无处不在，网络、公司报告、报纸、杂志和电视……

图 3.48 制作精良的信息图表

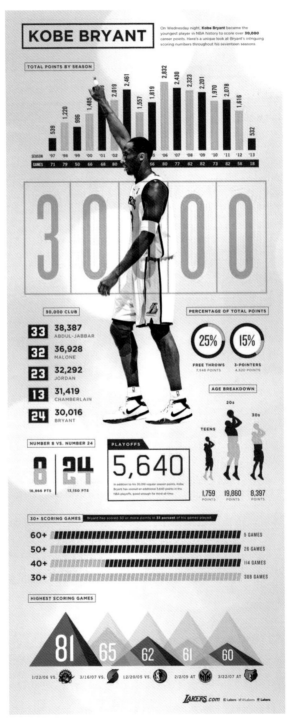

图 3.49 制作精良的信息图表

图 3.50 信息图表以超凡的魅力展示枯燥的数据

PowerPoint 软件在信息图表设计功能上一点也不逊色于其他专业的设计软件，甚至越来越多的信息设计师已经开始选择 PowerPoint 软件作为制作信息图表的工具。可以说 PowerPoint 是一款强大的信息图制作工具。下面我们谈谈 PPT 数据图表的那些事儿。

3.3.1 PPT 图表的优化

PowerPoint 软件的版本在升级过程中，不仅仅在功能上不断优化和改进，同时在设计风格上也在不断地更新以适应新的设计趋势。如图 3.51 所示，左边是 PowerPoint 2003 版本中插入图表的默认样式效果，而右边是 2013 以上版本中的图表样式。

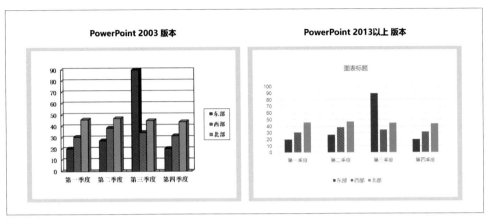

图 3.51 新老版本 PowerPoint 的设计风格差异

《演说：用幻灯片说服全世界》一书中提到：演说中需要展现数据时，需要遵守的第一条法则就是"清晰"。

PPT 呈现在屏幕上时不同于打印稿，观众不可能仔细阅读和研究其中的内容。大多数时候，演讲者在讲解图表时观众可能并不会很快理解 PPT 中图表要传递的信息，所以确保数据能够清晰地传递信息才是首要任务。

在日常工作学习中，我们并不需要把数据图表设计得跟专业设计师一样的水平，那是不可能的，也没有这种必要。理想中的图表样式，能够用最简洁的表达来体现数据的变化，呈现数据背后的信息，如图 3.52 所示。

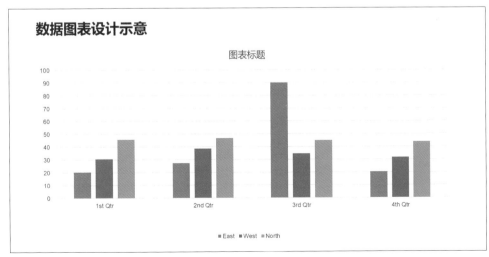

图 3.52 清晰的数据呈现

当然，每个人都希望自己的 PPT 图表都能像书里呈现的一样，简单明了、清晰干净。但在实际工作中，从 Excel 复制过来的数据可能会带有各种样式。那么接下来介绍一些方法，能让这些图表快速地一致化。

我们希望图表中的色彩搭配统一、和谐、重点明晰。如果需要对图表中的数据进行强调，建议优先考虑使用色彩手段。PPT 中默认的图表着色方式，是根据文档定义的主题颜色，按照系列从着色 1 到着色 6 的顺序逐一着色。制作者也可以选择一种颜色，然后使用主题颜色中这个色彩的不同明度进行同色系的图表着色。如果想要单独突出某一柱或者某一个系列，可以借助灰色来弱化次要的内容，或者使用对比强烈的色彩对重点进行突出和强调，如图 3.53 所示。

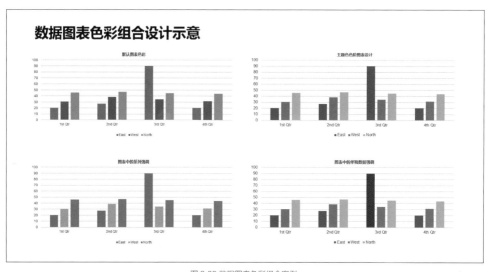

图 3.53 数据图表色彩组合案例

无论从 Excel 中复制到 PPT 中的图表变成什么样子，都可以通过图表工具"设计"菜单中的"图表样式"选项来将其快速调整成默认样式，如图 3.54 所示。

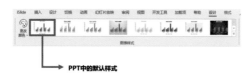

图 3.54 使用"图表样式"可以将不同样式的图表恢复为默认样式

要特别注意的是，在 PPT 中呈现数据图表时，把那些无用的装饰都去掉吧！由于数据本身就特别容易让人迷惑，一定要避免画蛇添足。好的图表，一定是简单直接、观点明确！即便是世界顶尖公司的路演 PPT，他们用的都是常规的图表样式，如图 3.55 所示。

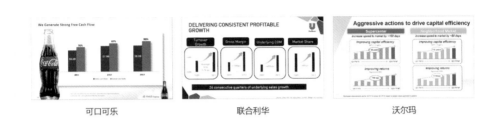

可口可乐　　　　　　　　　联合利华　　　　　　　　　沃尔玛

图 3.55 顶尖公司的 PPT 展示

那么如何去掉图表中不需要的"修饰元素"呢？需要一个个选中后手动删除吗？当然不是！当我们选中一个图表后，在它的右上角会出现 3 个按钮，分别是：图表元素、图表样式以及图表筛选器。单击"图表元素"即可取消勾选不需要的元素进行隐藏，如图 3.56 所示。

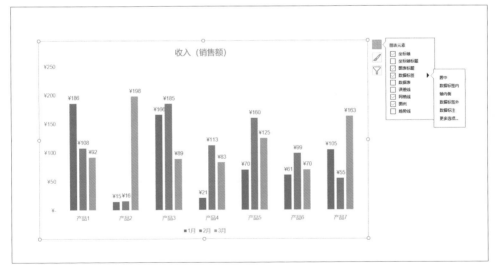

图 3.56 删除无用元素的方法

3.3.2 创意图表设计

除了使用 PowerPoint 图表功能外，制作者也可以直接用 PPT 提供的基础形状自行创建个性化创意图表。iSlide 智能图表库中的所有图表，都是用 PPT 基本形状绘制而成的。

iSlide 智能图表库中包含条形图、柱状图、渐变图、环形图、饼图和复合类图表，如图 3.57 所示。

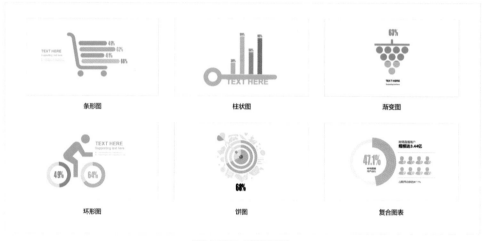

图 3.57 iSlide 智能图表类型

下面简单介绍一下每种图表的制作方法。

1. 条形图和柱状图

这两种图表的制作方法相对简单。我们一般通过形状的长度或者高度来表示数据的大小。比如圆角矩形的长度和三角形的高度等，如图 3.58 所示。

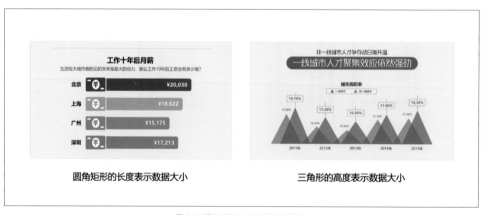

图 3.58 圆角矩形与三角形的数据图表

更多数据与形状结合的灵感，可以在 iSlide 的智能图表库中浏览和参考。

2. 渐变图

渐变图，顾名思义就是利用渐变填充的图表。之所以要用渐变填充，是因为改变条形图或
柱状图的长度或者高度可能会导致图形发生变形。如图 3.59 所示，利用火焰的形状表示数据。

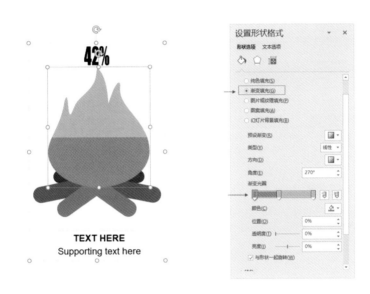

图 3.59 这个图表创造性地利用火焰形状表示数据

渐变填充时将中间两个渐变光圈重叠在一起，实现了两种颜色之间明显分界的渐变效果，
如图 3.60 所示。

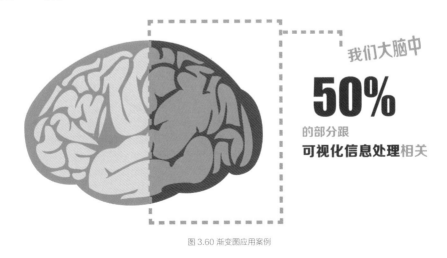

图 3.60 渐变图应用案例

3. 环形图

环形图是利用 PPT 形状中提供的空心弧呈现数据。绘制时按住 Shift 键即可画出一个正圆的空心弧，然后通过调整两个控点，改变形状宽度以及图形比例，如图 3.61 所示。

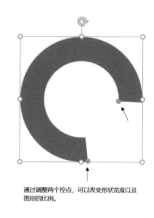

图 3.61 环形图的创建路径

对于形状控点的精确调节，可以借助 iSlide "设计排版" 菜单中的 "控点调节" 功能，如图 3.62 所示。示例效果如图 3.63 所示。

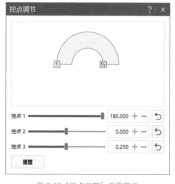

图 3.62 "控点调节" 设置面板

图 3.63 环形图应用案例

4. 饼图

饼图是利用 PPT 形状中的 "不完整圆" 绘制而成。使用与绘制环形图同样的操作方式，可以通过调节控点改变形状的面积比例，如图 3.64 所示。示例效果如图 3.65 所示。

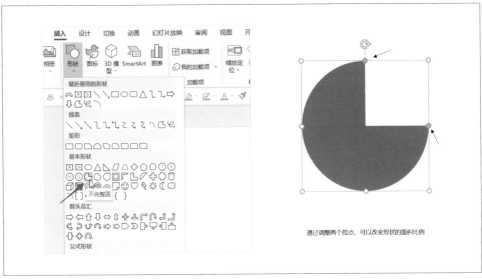

图 3.64 使用"不完整圆"形状绘制饼图

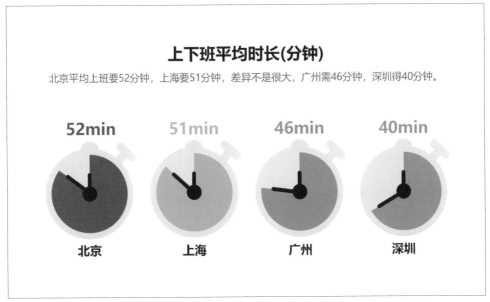

图 3.65 饼图应用案例

　　环形图和饼图的数据部分是图表展示的核心部分，其余的修饰性元素可以自己发挥创意添加。

而 iSlide 智能图表库中提供的复合图表则是将前面几种图表结合起来，以复合图表的形式展示数据，这里不进行过多介绍。

3.3.3 图表动画

汇报演示中，数据的讲解总是相对困难一些，因为图表本身就具有一定的复杂性，随着数据量的变化，有很多图表都需要深入解读才能被观众理解，这时我们就需要借助动画来更好地展示数据图表。

给图表一些简单的动画示意，让那些柱状图、折线图，按系列或类别逐个出现，可以让相对复杂的图表在视觉呈现上更加易读。由演讲者现场控制图表中元素的出现时机和节奏，会让观众更加轻松地理解图表内容。

操作技巧：

给柱状图或折线图添加动画，推荐使用"擦除"效果，然后在"动画"菜单中找到"效果选项"，选择合适的"擦除"方向以获得最佳演示效果。把序列选项从"作为一个对象"改为"按系列"或"按类别"，这样就可以让图表动画按需逐个出现，如图 3.66 所示。

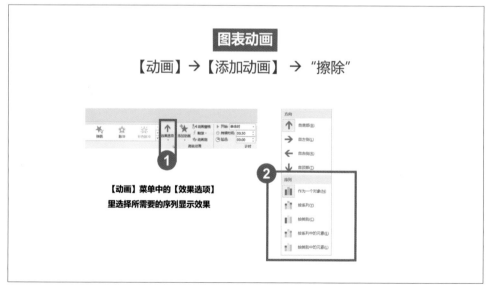

图 3.66 图表动画设置选项

3.4 样机图——给 PPT 做个美颜定妆照

样机图是用来展示 PPT 设计效果的常用手段，如图 3.67 至图 3.69 所示。当制作者完成了 PPT 设计后，都希望把作品最好的一面展示给别人。比如国内外 PPT 模板销售网站中的模板作者会将自己的作品精心打扮成样机图用于展示，增加 PPT 作品的吸引力，让人更有兴趣关注和购买。

图 3.67 样机图展示（1）

图 3.68 样机图展示（2）

图 3.69 样机图展示（3）

那么，这些精美生动的样机图是怎么制作出来的？

目前来说，仅靠 PowerPoint 软件不能完成样机图设计。如果仅仅需要一个 PPT 页面拼接的长图，iSlide 提供的"PPT 拼图"功能即可轻松完成，如图 3.70 所示，这在前面章节中已经详细介绍过。

（接上页图）

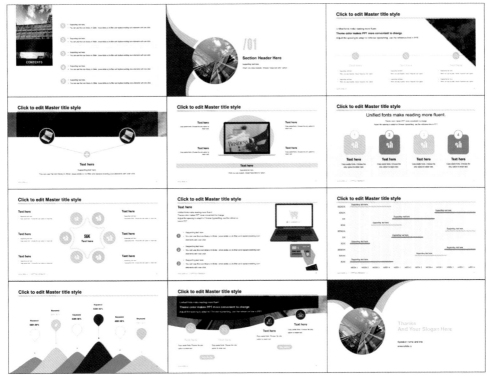

图 3.70 iSlide 提供的 "PPT 拼图" 功能就能满足日常所需

如果想要设计更具吸引力的样机图，制作者可以通过 Mockups 网站生成，或者结合 Photoshop 辅助完成。一说起 Photoshop，很多人可能会有些抗拒，那么是不是要对 Photoshop 特别精通才能制作出样机图呢？当然不是，我们可以利用现成的样机图 PSD 素材，快速制作 PPT 样机图。

3.4.1 样机图在线生成网站

1. MAGIC MOCKUPS 网站

MAGIC MOCKUPS 是一个免费的样机生成网站，将 PPT 页面放在一个场景中进行展示，这个网页的布局跟 PPT 界面有点像，如图 3.71 所示。

图 3.71 MAGIC MOCKUPS 网站首页

MAGIC MOCKUPS 网站提供了包括笔记本电脑、手机、平板电脑、iMac 等场景主题，有些素材还提供了两个或者更多的屏幕供用户插入图片。我们可以在不同的屏幕上分别插入不同的图片，使样机图看起来更加真实生动。这个网站生成的样机图采用 CC0 授权，没有版权使用限制，并且用户可以根据需要下载不同尺寸的图片。

操作技巧：

在 MAGIC MOCKUPS 首页左侧选择一个喜欢的样机预览图，右边会显示大图。单击图中的占位符就可以将自己的图片插入其中，上传图片后可以切换不同的样机图查看效果。预览满意后单击上方的"Download"按钮即可下载图片。

2.SMART MOCKUPS 网站

这个网站提供了海量的样机图模板，包含电脑、手机、杂志、名片、T 恤、banner 等各种应用场景，大体上跟前面介绍的 MAGIC MOCKUPS 网站类似，如图 3.72 所示。

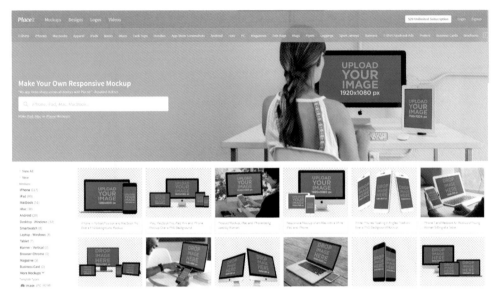

图 3.72 SMART MOCKUPS 网站

使用方法跟前一个网站类似，选择一个样机图，上传自己的图片即可，但是要想下载这个网站生成的样机图原图需要付费，不付费只能使用网页生成的带水印的预览小样图。

除了上面介绍的两个网站之外，还有很多类似的可以直接生成样机图的网站，这里不再一一列举。如果有兴趣，可以自己上网查询检索。

3.4.2 利用 PSD 格式素材制作样机图

跟 PPT 模板一样，样机图模板为没有 Photoshop 使用经验的人提供了很大的便利。网络上有很多公开分享的 PSD 格式样机图素材，我们只需要单击几下鼠标，就可以轻松替换其中的图片。

如图 3.73 所示的样机素材，我们在 Photoshop 中将其打开。

其中有 6 张图片可以插入和替换，替换方式并不困难，在图层面板双击对应的智能对象缩略图将其打开。

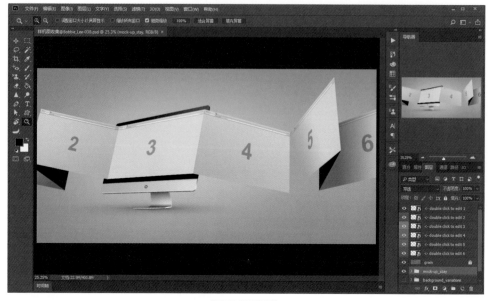

图 3.73 样机图素材

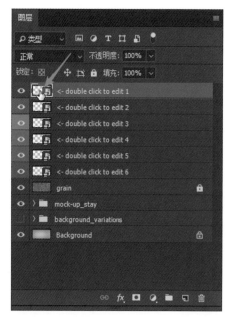

图 3.74 在"图层"面板双击对应的智能对象缩略图将其打开

然后将自己的图片拖进画布并调整大小，调整合适后关闭并保存智能对象即可，如图 3.74 所示。

使用同样的操作方法，依次打开每一个智能对象，插入幻灯片图片即可完成 PPT 样机图的制作，效果如图 3.75 和图 3.76 所示。

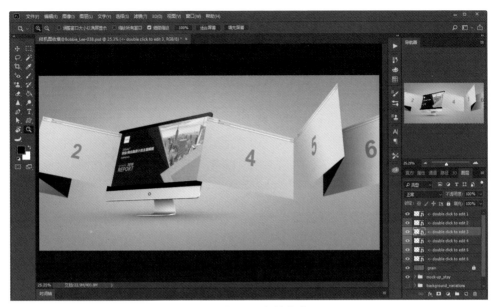

图 3.75 调整图片后保存为智能对象

图 3.76 重复上述过程，完成 PPT 样机图的制作

第 4 章

PPT 四大场景实战

97% 的 PPT 制作者都逃不开的应用场景

本章主要介绍 PPT 在实际应用中的几个案例，我们通过"Before & After"形式的对比，来讲解大家容易忽视的要点，解决大家在日常 PPT 设计中遇到的一些麻烦，纠正大家可能会犯的一些错误。

本章聚焦于毕业论文答辩、创业大赛（商业计划书）、述职报告、简历这几种常见的 PPT 类型。案例中的部分信息因案例提供者的要求进行了替换，但并没有改变原 PPT 设计的排版布局。所以我们只关注 PPT 的设计呈现，以及设计过程中的思考方法，对 PPT 中内容的具体信息不作过多关注。

本书第 1 章中详细介绍过如何对内容逻辑进行梳理，在制作 PPT 的时候要始终记得先有内容，再考虑如何设计，不能颠倒次序。如果大家习惯了"套模板"的 PPT 设计方式，很有可能会犯"先看设计形式，再填充内容"的错误。所以在正式进入 PPT 的设计过程之前，希望读者能够根据第 1 章所讲的方法，先把内容文案梳理清楚。

下面我们来分析所选案例中普遍存在的一些问题，这些问题可能也是大家在制作 PPT 时会遇到的共性问题。

4.1 PPT 设计常见问题概述

图 4.1 所示的 3 个案例是原始设计预览图。

毕业论文答辩PPT案例　　　　创业大赛PPT案例　　　　述职报告PPT案例

图 4.1 案例的原始设计

看到这 3 份 PPT，大家是否也发现了一些问题呢？可以结合本书前面介绍过的内容，列出案例中存在的问题。简单总结一下，存在的问题包括以下几点。

第一，逻辑不清楚。整个文档结构混乱，条理不清晰；单页面没有重点，内容繁杂，难以理解。第二，呈现不够专业。页面设计中含有大量过时的素材，并且色彩凌乱；部分内容在设计上存在过度修饰，母版中存在冗余的版式。第三，设计效率低下。设计 PPT 的效率低在哪里可以看出来呢？我们只需要在 PowerPoint 软件"文件"菜单中打开"属性"，然后在"高级属性"的"统计"选项中就可以查看 PPT 文档的总编辑时间和修订次数。我们打开其中一个案例来看一下，如图 4.2 所示。

可见这份述职报告的 PPT 设计花费的时间超过了 10000 分钟，这在工作中是不可取的，应该尽量避免。

接下来，我们对案例的优化，正是针对以上这些问题的改进。

还记得第 2 章中介绍过的"PPT 设计的全局化思维"吗？制作一份 PPT 文档，首先就要从几个全局化的设置开始：全局化的主题字体、全局化的配色方案、正确的参考线、多余版式。针对上述案例的修改也不例外，全局化的设置是后续 PPT 设计的基础，在第 2 章中已经做过非常详细的介绍，因此这里就略过全局化设置的步骤。

图 4.2 PowerPoint 的"统计"功能显示，这份 PPT 的制作时间达到了 13746 分钟

4.2 毕业论文答辩 PPT 设计

毕业论文答辩是每个大学生朋友都要经历的一次考验。或许有个别同学在大学期间从来没有参加过任何比赛，没有参与过任何演讲，也没有做过一次 PPT，但是毕业论文答辩是每个同学都要认真准备的一次"演说"。而用 PPT 作为辅助演示工具已经是毕业论文答辩普遍采用的方式。即使没有明文规定 PPT 演示文档的制作水平会与答辩成绩挂钩，但学生也应该以一份专业、美观、有说服力的 PPT 来让评委老师感受到自己的态度。

4.2.1 毕业论文答辩 PPT 结构框架

在毕业论文答辩之前，答辩委员会通常会在教务网站或者其他媒介上告知答辩 PPT 应该重点呈现哪些内容，所以对答辩 PPT 的准备首先应该根据不同院校、不同专业的具体要求来具体安排。比较通用的毕业论文答辩 PPT 结构框架，如图 4.3 所示，大家可以将其作为参考。

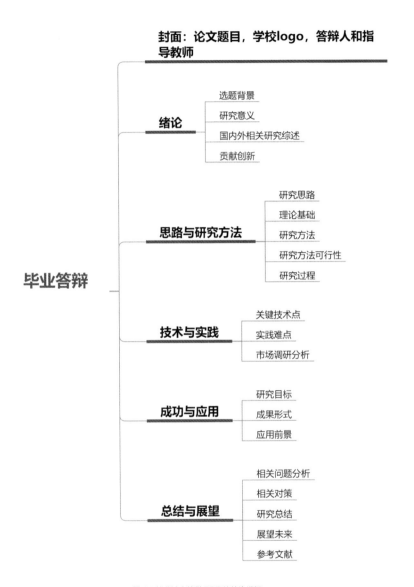

图 4.3 毕业论文答辩 PPT 的结构框架

4.2.2 Before & After 案例解析

这是一份真实的毕业论文答辩 PPT，应原作者要求删减了其中的页面，部分文案内容做了替换处理。我们先来看一下原始设计的整体预览图，如图 4.4 所示。

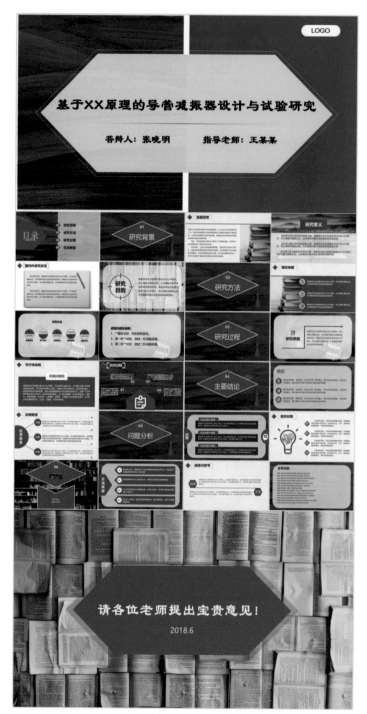

图 4.4 毕业论文答辩 PPT 的原始设计

前面提到的几个问题都比较突出，而且也没有遵从主题字体和主题颜色的设计规则，总之这份作品给人的感觉是"不专业"。

我们再来看一下根据全局化设计思维调整以后的文档预览图，如图 4.5 所示。

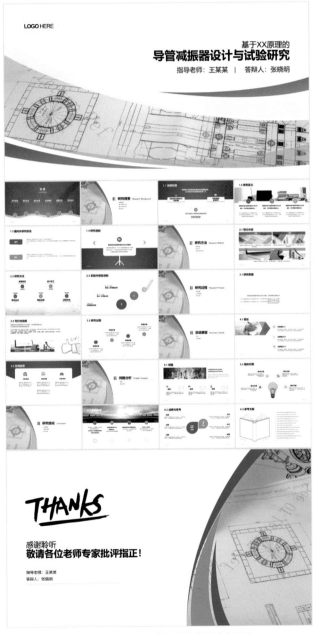

图 4.5 运用全局化思维调整之后的毕业论文答辩 PPT

相比之前的版本而言，修改后的版本是不是在设计上显得更加统一、规整和简洁了呢？当然，这个版本也存在很大的优化空间，还能继续完善。

下面我们挑几页具有代表性的幻灯片来梳理一下优化思路，如图 4.6 所示。

图 4.6 具有典型问题的 PPT 设计

这一页幻灯片讲的是毕业论文的选题背景，制作者可能直接从论文中复制了一段文字粘贴进了 PPT 页面。只有文字可能略显单调，于是制作者用了一张修饰性的图片让画面不至于太过乏味。

这样的 PPT 页面存在着大家都很容易犯的错误：复制一大段文字，设置一下字号就完事了。这是制作 PPT 的时候必须要规避的。PPT 幻灯片与 Word 文档的作用是不同的，幻灯片不是把密密麻麻的文字投影给观众。有人演讲解说的时候，PPT 永远只是一个视觉辅助工具，用来强化演说者的观点。所以我们需要对这份 PPT 的内容进行删减，并借助一些形状和小图标，将大段的文字"翻译"成观众更容易接受的图示化语言，优化后的幻灯片如图 4.7 所示。

图 4.7 修改后的 PPT 删减了大段文字，只保留了关键信息

再来看图 4.8 所示的页面。

图 4.8 毕业论文答辩 PPT 中的"研究过程"页

这一页幻灯片内容讲的是毕业论文的研究过程,从其 4 个观点的排列来看,似乎它们之间是并列关系,但实际上研究过程应该是一个有先后顺序的流程。

这里使用了一个全图型背景图,背景图上使用了一个半透明的色块,然后将 4 个观点作为前景置于背景之上。这样的设计如果在毕业论文答辩的现场投影出来,很有可能导致观众无法看清文字,也谈不上美观,优化后的幻灯片如图 4.9 所示。

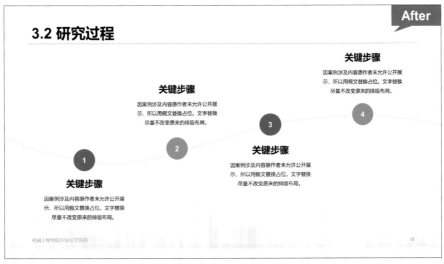

图 4.9 修改之后的 PPT 设计

其优化的思路很明确，首先考虑内容元素之间是流程关系，因此可以简单地用线条和形状示意 4 个关键信息点为一个流程关系，然后加上简单的文字说明就可以了。如果制作者在自己设计时缺乏灵感，不知道如何用图示化语言呈现，可以从 iSlide 图示库中找出包含 4 个信息点的流程关系图示，基本上都能满足要求。在这个页面中，使用了一个非常低调的城市剪影作为背景，使画面丰富了起来。

接下来的一页是 4 个并列关系的信息点，我们先看原始的设计，如图 4.10 所示。

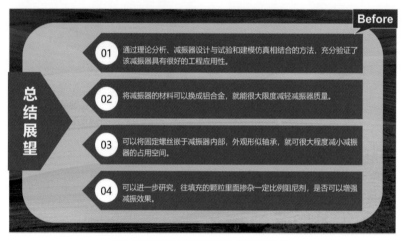

图 4.10 原毕业论文答辩 PPT 中的"总结展望"页

简单地将 4 个点排列在这里也无可厚非，但是为了让整个画面更有吸引力，我们可以借助图片来排版。直接来看优化以后的效果，如图 4.11 所示。

图 4.11 利用图片优化后的 PPT 设计

这里首先把 4 个并列的观点由原来的纵向排列改成了横向排列，这样的变化只是为了方便排版，具体操作中也可以根据实际内容来决定采取哪种排列方式。

接着使用了一个半图型的排版，让画面的上半部分，也就是将大概三分之一的区域填充为图片，同时这个图片也自然地将下面 4 个独立的观点连结成了一个整体，使整个画面在视觉上具有很强的完整性和稳定性。

4 个观点的说明文字在横向排列的时候，我们特意对其中的重点信息进行了加粗，使信息的呈现具有层次感，主次分明。而小图标永远是传递信息最好的视觉化元素之一，如果在制作时觉得缺点东西，那就试试小图标。在大多数情况下，小图标的运用都会让 PPT 设计变得更有趣。

下面还是这份毕业论文答辩 PPT 中的一个页面示例，如图 4.12 所示。我们来思考一下应该如何优化和改进。

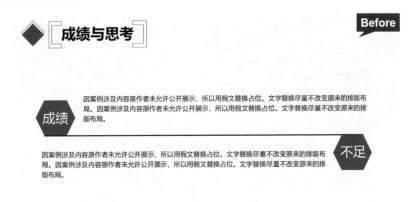

图 4.12 原毕业答辩 PPT 中的"成绩与思考"页

这一页是介绍毕业论文在研究过程中取得的成绩和存在的不足。原作者可能图方便，将两段文字粘贴进 PPT，用"成绩"和"不足"的文字来表示两段内容。

我们可以将两段文字的信息概括提炼一下，根据第 1 章中介绍过的"金字塔原理"，把成段的文字再作梳理，让每一个小观点更加明确。

其实这一页最好分成两页来呈现成绩和不足。但是在这里，我们还是在原页面设计的基础上进行优化，效果如图 4.13 所示。

图 4.13 提炼小观点后的页面设计

先说成绩，再说不足，分列在页面左右两侧。由于是并列关系，分别用纵向排列即可。在画面中间，通过使用形状和图标来示意成绩和不足。取得成绩也要低调，不能骄傲自满，所以其形状表现出"下沉"的感觉；存在不足，代表还有很大的提升空间，所以其形状表现出"上升"的感觉。同时在设计时注意对齐等细节，可使画面呈现出规矩整齐的效果。

4.3 创业大赛 PPT 设计

在大学里，很多同学可能都参加过一些创业大赛，从初赛、复赛到总决赛，一路过关斩将都离不开 PPT 的辅助；而对于很多创业团队来说，在融资路演、产品发布和商业洽谈过程中，一份 PPT 背后的价值更是无法估量。所以，将 PPT 制作得尽善尽美，就是制胜的关键。

4.3.1 创业大赛商业计划书 PPT 结构框架

每个创业大赛关注的重点是不一样的，所以对 PPT 内容的要求也各有不同，这需要制作者在参加比赛时认真阅读相关的细则和说明。关于如何撰写商业计划书、如何规划商业模式等不是本书讨论的问题。图 4.14 所示为通用的创业大赛商业计划书 PPT 结构框架。

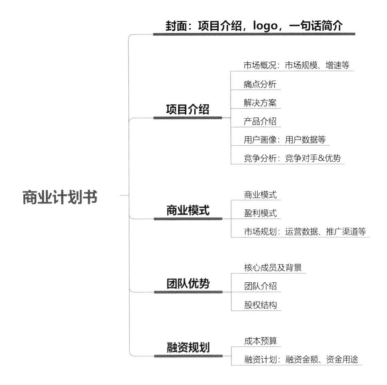

图 4.14 创业大赛商业计划书 PPT 结构框架

4.3.2 Before & After 案例解析

这是一份真实的大学生创业大赛 PPT 案例，根据原作者的要求，删除了其中的一些页面，我们先来看一下原始 PPT 的整体预览图，如图 4.15 所示。

（接上页图）

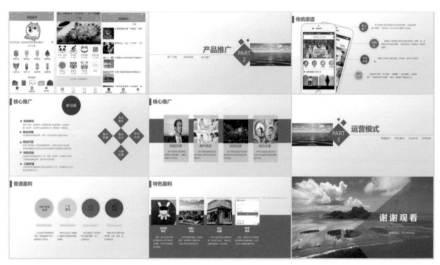

图 4.15 原创业大赛商业计划书 PPT 整体预览图

　　这份 PPT 所涉及的全局化问题，与前一节展示的毕业论文答辩 PPT 一样，这里不再重复。

我们直接来看对其中一些页面进行重新设计后的结果，如图 4.16 所示。

（接上页图）

图 4.16 重新设计之后的商业计划书 PPT 整体预览图

　　这是一款校园 App 的项目介绍，所以在设计上使用了相当多的扁平化插画元素，从而展示出大学生的青春活力以及创业激情。从整体上看，优化后的 PPT 更贴合这个项目的基调。

　　下面我们选择几个页面来做重点解析，同时读者也可以自己思考一下修改稿的优化思路。

　　在 PPT 排版中，我们需要运用"亲密性"原则，将相关的内容组织在一起，让它们彼此靠近，或者形成一个视觉单元。图 4.17 所示的页面中的 3 个标题和内容彼此分离，观众需要仔细阅读才能理解信息之间的关联。而且 3 段解释性文字放在一起显得繁杂，增加了观众的阅读负担。右边不知道为何要放一堆毫不相关的图片 logo，很容易引起观众的疑惑。

产品优势

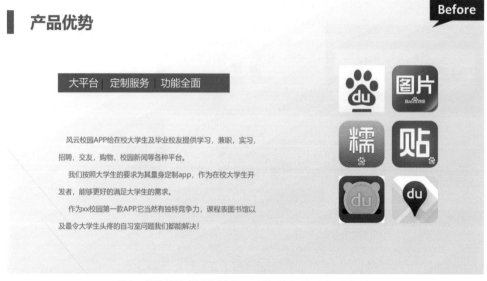

图 4.17 原设计中的"产品优势"页，元素缺乏关联，并且包含了多余元素

我们看一下优化后的结果，如图 4.18 所示。

图 4.18 优化后的页面设计

优化思路很清晰，3 个信息点在内容逻辑上属于并列关系，因此我们让每一个标题和解释性文字彼此靠近，并且借助于小图标增强可视化效果，使用插画元素让画面更丰富。当然，

呈现方式不仅限于此，读者可以自己尝试用其他方式进行修改。当缺乏思路的时候，iSlide 插件图示库是个不错的灵感来源，可以借鉴和参考。

再看如图 4.19 所示的案例，你能说出这一页哪些地方让人不舒服吗？

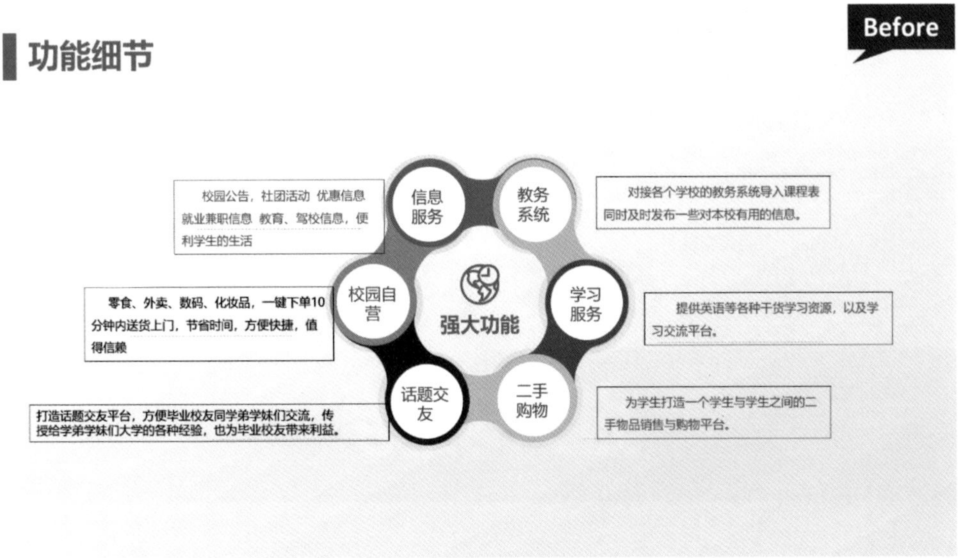

图 4.19 原设计中的"功能细节"页，你能马上说出它的缺点么

直观感觉可能是页面不整齐，排版有点乱。为什么会感觉乱呢？很明显，其中一个文本框中的字体行间距跟其他的不一样，而且几个解释性文字的颜色也有深有浅，不统一。更糟糕的是，几段文本都带有边框，而且大小不一致，导致页面失去了秩序感，这些问题让页面显得很凌乱。

重新设计以后，还是同样的文字内容，画面不再凌乱，如图 4.20 所示。

这一页的信息点有 6 个，同属并列关系。因为这是一个创业大赛的路演 PPT，所以在设计时不用像设计工作报告一样规规矩矩，通过一些形状让排版富于变化会有更好的效果。标题也不一定非要全部写在左上角，放在底部的标题同样恰到好处，也不影响演讲中观众对信息的获取。

对这一份 PPT 的优化思路，矢量插画元素始终贯穿其中，而且插画风格也基本上保持一致。我们并不需要刻意去使用插画素材，在有合适素材的前提下，适当运用插画元素对页面进行修饰和点缀，可以提升信息的传递效率。要注意的是，如果所使用的插画在画面中显得突兀，那就删掉它。

图 4.20 优化后的页面设计

再看图 4.21 所示的页面，请读者先思考一下这一页存在的问题是什么。

图 4.21 原设计中的"传统渠道"页，你能指出它存在的问题么

在图 4.21 所示的页面中，每一小段文字之前特意空了两格。其实 PPT 中的文字不需要像在 Word 文档中那样在段首空两格，我们只需要考虑文本应该使用哪种对齐方式。

依照同样的优化思路，我们采用常规的排列方式将 4 个点分列两边，中间插入一个矢量插画使风格统一，如图 4.22 所示。

图 4.22 优化后的页面设计

如图 4.23 所示的这一页，可以从哪些方面着手优化呢？

图 4.23 原设计中的"核心推广"页

左边文字信息的排列方式很容易让观众认为 5 个信息点是并列关系，但是再看右边的图示，好像又变成了总分关系，这会让观众对页面信息的逻辑关系产生疑惑。很多人习惯性地套用网上下载的模板，忽略了图示中的逻辑关系，强行将内容塞进现成的图示，最后呈现出来的结果就有可能给观众传达错误的信息。

为了与整体保持一致，我们借助插画和小图标，将这一页修改为图 4.24 所示的效果。

图 4.24 优化后的页面设计

这个页面跟"强大功能"那一页采用同样的呈现方法，排版布局类似。其实如果想让画面更加简洁，解释性文字完全可以删掉，因为演讲者会详细讲解内容，所以就不需要在 PPT 中放置过多的文字。

继续来看如图 4.25 所示的这一页，是比较简单的页面，优化起来比较容易。

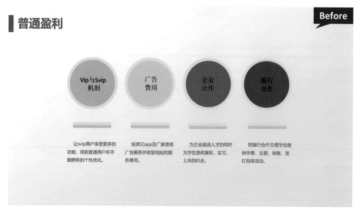

图 4.25 原设计中的"普通盈利"页

内容很明确，逻辑关系很清楚，4 个信息点属于并列关系。对这一页的优化思路相信读者们已经有了非常多的想法。设计的表现形式从来都不是唯一的，制作者可以选择任何自己喜欢的方式把信息合理地呈现在 PPT 中，如图 4.26 所示。

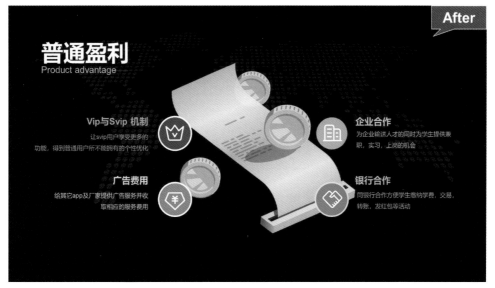

图 4.26 优化后的页面设计

在一份完整的 PPT 中，如果所有页面都是浅色背景会显得非常死板，也更容易让观众产生视觉疲劳，所以这一页我们采用了深色背景设计。但是在实际使用中需要注意，最好提前了解一下演示现场的情况，如果演示现场的投影效果比较差，在深色背景上的内容很可能会看不清楚。如果演示现场使用的是 LED 显示屏，那么这样的设计会更加出彩。

4.4 述职报告 PPT 设计

在职场中，月度总结、季度总结、年终述职等场景可能都需要使用 PPT 来呈现。从初入职场的新丁，到上层主管领导，身在职场就免不了要制作 PPT。而且有很多职场白领，常常为了一份 PPT 而熬夜奋战。网络上常常有人调侃"工作干得好，不如 PPT 做得好"，当然这是一种夸张的说法，但是似乎大家都能深刻体会到"PPT 做得好"确实是一个职场加分项。在面临"升职加薪"的竞争中，有时候 PPT 多多少少会起到一定的作用。

制作 PPT，首先要追求的就是效率，用最短的时间达到最好的效果，没有必要把过多的时间浪费在制作 PPT 上。iSlide 插件就是专门为了节约 PPT 制作者的时间而生。工欲善其事，必先利其器，学会使用更高效的工具也是职场中不可轻视的一项能力。

4.4.1 述职报告 PPT 结构框架

述职报告 PPT 的基本框架大体上都差不多，不外乎包括以下几个方面的内容：回顾总结过去、展示工作成果、谈谈工作体会、说说未来计划。其中涉及的具体内容要根据自己的实际情况按照"金字塔原理"去梳理，做到条理清晰、重点突出。

图 4.27 所示为通用的述职报告 PPT 思维导图。

4.4.2 Before & After 案例解析

这是一个真实的述职报告 PPT 案例，原文件页面有删减。PPT 中的内容是原作者既定的信息，我们不用过多关注。根据 PPT 当中的信息判断，这是某生产经营单位一线班组长的年终述职报告 PPT。而且可以确定的是，这是一个非常注重"安全生产"的企业，这一点是我们在这份 PPT 中需要了解的关键信息。

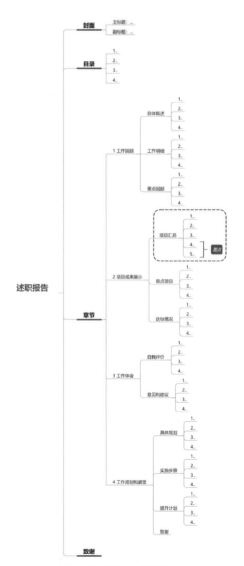

图 4.27 述职报告 PPT 结构框架

下面我们先看看如图 4.28 所示的案例：这份述职报告 PPT 色彩杂乱、排版随意，其中用到的素材比较混乱，风格不统一。部分页面内容无条理、无重点，看起来很像一份临时拼凑的幻灯片。

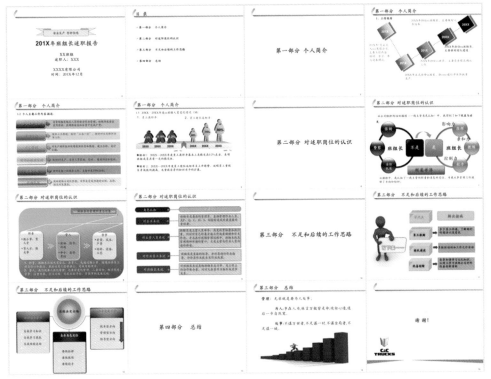

图 4.28 原 PPT 概览，色彩杂乱、排版随意、风格不统一

这份 PPT 的总编辑时间超过 13000 多分钟，在日常工作中我们在制作 PPT 时首要考虑的就是时间问题，也就是工作效率的问题。如果一份述职报告 PPT 需要花费 200 多个小时去设计制作，势必会占用你做其他工作的时间，也就造成了你不得不加班做 PPT 的事实。所以为了快速完成这份 PPT，我们可以使用 iSlide 插件来帮忙。

根据这份述职报告的内容和使用场景，以及整个 PPT 体现的"安全生产"的理念，我们在 iSlide 主题库中检索到了下面这份主题，然后使用图示库的素材完成了内页的设计。完成后的整体效果如图 4.29 所示。

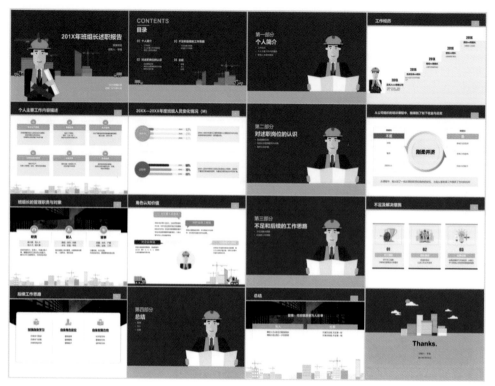

图 4.29 使用 iSlide 主题库和图示库中的素材快速完成设计

因为 iSlide 为我们准备好了各种现成的素材和逻辑图示，所以在实际应用中只需要按照自己对内容的梳理，插入资源并替换其中的文字、图标、图片等素材即可，这就大大减少了寻找素材的时间，也提高了设计内容图示的效率。下面我们选取其中几个页面，来学习如何利用 iSlide 快速优化这份 PPT。

先来看看工作经历的原页面设计，如图 4.30 所示。

我们首先可以判断出，这一页应该使用流程关系图示，并且包含 5 个关键节点。根据展示的内容可以看出，这一页制作者想表达的是入职公司以后的个人职位变化以及主要工作内容。很明显，制作者自从入职以来，职位在逐步提升。我们如果选择一个普通的流程关系图示来展示也没有问题，但是那样的呈现方式并不能很好地表达出制作者"努力上进"的工作态度。从制作者的原始设计也可以看出，这里在刻意强调一种逐步上升的趋势。 所以我们从 iSlide 图示库中通过筛选项，选择了一个比较合适的图示，如图 4.31 所示。

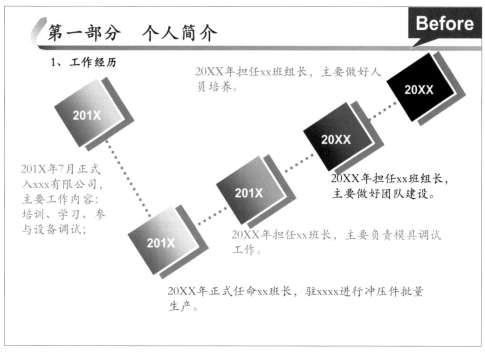

图 4.30 原设计中的"个人简介"页（工作经历）

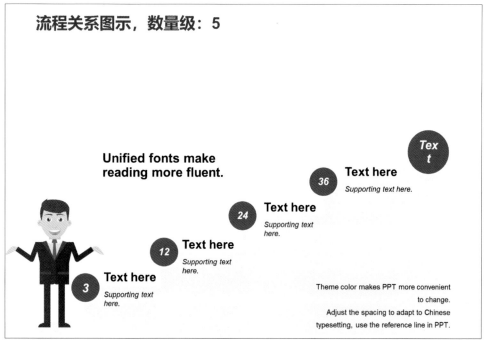

图 4.31 在 iSlide 图示库中选择一款合适的图示

　　这个流程关系图示非常直观地呈现出制作者从一个刚入职的新人一步一步向上的职场发展轨迹。我们直接套用这个图示，修改文字内容，替换矢量插图，然后根据页面排版的需要，适当调整各个元素的位置和大小，很快就能得到如图 4.32 所示的结果。

图 4.32 使用 iSlide 中的素材快速获得佳的效果

　　接着，我们尝试通过 iSlide 图示库的素材修改下面一页。先看原始的设计，如图 4.33 所示。

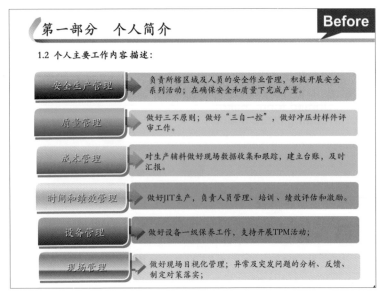

图 4.33 原设计中的"个人简介"页（个人主要工作）

首先分析一下这一页的内容。这里罗列出了 6 个主要的工作内容,信息点之间为并列关系,而且也不需要特别强调突出哪一点。所以我们只需选择一个信息数量级为 6 的并列关系图示套用即可。通过快速筛选,我们从 iSlide 图示库中选择了下面这个图示,如图 4.34 所示。

图 4.34 从 iSlide 图示库中筛选出一个信息数量级为 6 的并列关系图示

6 个信息点的内容相对而言有点多,而且这份 PPT 的比例为 4:3,如果 6 个观点依次排开会非常拥挤,所以选择如图 4.35 所示的呈现方式更加适宜。既简单、干净,又整齐、规整。

图 4.35 优化后得到了既简单、干净,又整齐、规整的页面设计

再看下一页,这个页面中的内容虽然基本符合"金字塔原理",但是在布局上显得有点混乱,如图 4.36 所示。

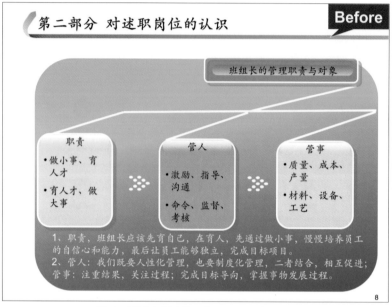

图 4.36 虽然符合"金字塔原理",但视觉布局差强人意

这里是 3 个并列关系的信息点,我们从 iSlide 图示库中选择了下面这个图示来重新优化上面的案例,如图 4.37 所示。

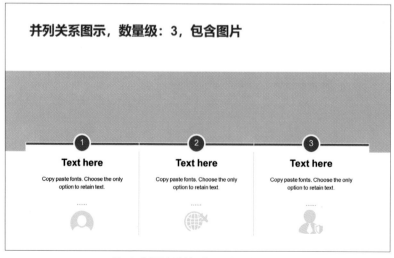

图 4.37 选择适宜且基本风格一致的图示优化页面

在这里我们借助一张修饰性的图片进行排版，将原图示中下方的小图标移动到内容上方，填入对应的文字内容，使逻辑更加清晰，画面更加简洁美观，如图 4.38 所示。

图 4.38 优化后的页面设计

继续看下一页案例，如图 4.39 所示。

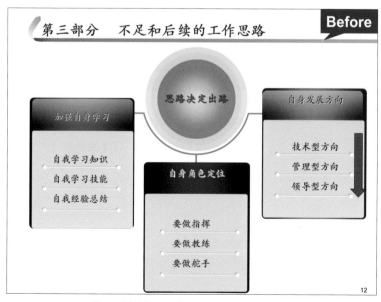

图 4.39 本身没有严重缺陷的原始设计，但需要将风格统一

这个页面相对比较简单，逻辑关系很明确。其实这里的图示化形式也没错，但是为了整体设计的统一，我们选择了如图 4.40 所示的图示，异形图片的加入也让画面活泼了起来。

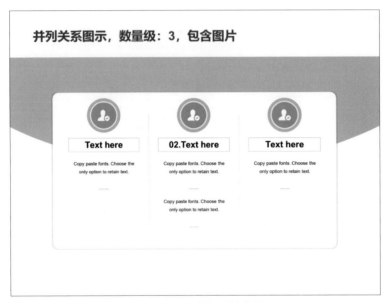

图 4.40 为了整体设计的统一而选择的图示

稍作调整，我们就获得了与整体风格一致的页面效果，如图 4.41 所示。

图 4.41 优化后的页面设计

再来看最后一个案例，原设计如图 4.42 所示。

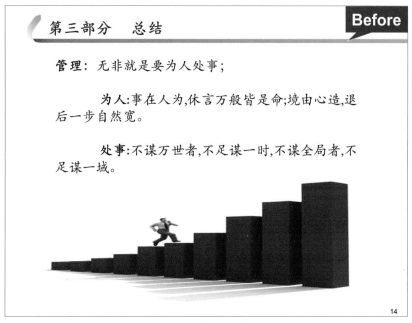

图 4.42 原设计中的"总结"页

这一页的有效信息只有文字内容，没有图示化的呈现，画面显得单调。这里我们从 iSlide 图示库中选择如图 4.43 所示的图示重新设计页面。

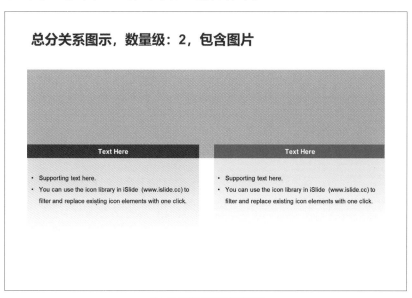

图 4.43 选择适宜本页使用的图示

在此图示上进行调整和优化，便得到如图 4.44 所示的结果。

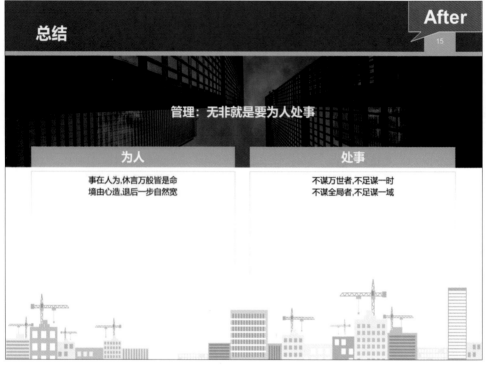

图 4.44 优化后的页面效果

如果内容量较少，在页面中大胆留白也未尝不可。如果你对留白设计信心不足，也可以借助矢量剪影素材让空白区域稍加丰富。

4.5 简历设计

在日常工作学习中，大多数人完全可以把 PowerPoint 当成一款平面设计软件，它的功能并不仅限于制作幻灯片。比如最常见的 A4 纸一页简历，若用 Word 来制作，无法实现复杂的效果，而 Photoshop 或者 Illustrator 又太过专业，此时何不打开 PowerPoint 试一试呢？

打开"设计"菜单中的"幻灯片大小"，自行设置尺寸，如"A4 尺寸页面大小"，再将幻灯片"方向"设置为"纵向"，如图 4.45 所示。

接着用 iSlide 提供的"统一字体"功能设置主题字体，根据自己的需要选择合适的中英文字体即可，如图 4.46 所示。

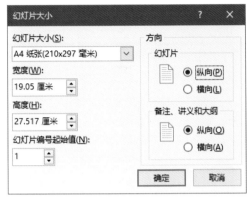

图 4.45 "幻灯片大小"设置面板

图 4.46 iSlide"统一字体"设置面板

页面参考线也很重要，它是规范和约束整个画面的"基准"，如图 4.47 所示。

简历上面要展示哪些信息都是提前准备好的，我们需要规划布置每个信息的"摆放"位置。

可以在草稿纸上简单勾画一下，也可以在 PPT 中画一些色块布置一番，如图 4.48 所示。

图 4.47 设置页面参考线

图 4.48 使用色块布置版面

然后按照自己的规划把每一项内容"装"进页面，就可以快速完成一份简历的设计。与设计普通 PPT 页面的要求差不多，该对齐的地方严格对齐，必要的时候还要添加额外的参考线辅助排版。

图标比文字的信息传递能力更强，利用小图标能为简历增色不少。简历所需要的各种图标都能在 iSlide 图标库中找到。合理利用 iSlide 提供的智能图表功能也能让简历更出彩。比如图 4.49 中个人技能部分就用到了 iSlide 智能图表功能。按照这样的方法，我们可以根据自己的内容规划简历布局，高效地完成一页 A4 纸求职简历。

稍微变换一下页面元素的布局方式，就可以设计出很多不同的简历样式。还是一样的设计流程，首先在页面中大致规划每部分内容的位置区域，然后依次填充内容，如图 4.50 所示。

如果不知道如何规划布局，我们可以上网浏览一些设计师的作品，然后从模仿借鉴开始练习。当下，有很多可以在线生成简历的网站，但这里讲解使用 PowerPoint 设计简历的方法，只是为了说明它在平时的学习工作中，是一款拿起来就能用的便利软件。

图 4.49 一份专业的简历设计

图 4.50 变换一下页面元素的布局方式

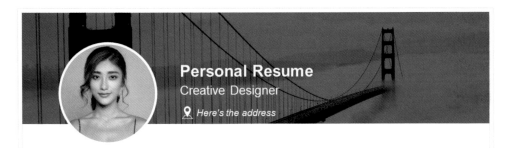

 Lorem ipsum dolor sit amet, consectetuer adipiscing elit. Maecenas porttitor congue massa. Fusce posuere, magna sed pulvinar ultricies, purus lectus malesuada libero, sit amet commodo magna eros quis urna.

 182 8282 8282
Mobile

138 3638 3638
Work

 iSlide@islide.cc
Personal

work@islde.cc
Work

Adobe Photoshop   72%

Adobe illustrator   84%

PowerPoint   80%

Word   62%

Excel   40%

 ## WORK EXPERIENCE

THE TITLE IS HERE
Lorem ipsum dolor sit amet, consectetuer adipiscing elit.

Lorem ipsum dolor sit amet, consectetuer adipiscing elit. Maecenas porttitor congue massa. Fusce posuere, magna sed pulvinar ultricies, purus lectus malesuada libero, sit amet commodo magna eros quis urna.

THE TITLE IS HERE
Lorem ipsum dolor sit amet, consectetuer adipiscing elit.

Lorem ipsum dolor sit amet, consectetuer adipiscing elit. Maecenas porttitor congue massa. Fusce posuere, magna sed pulvinar ultricies, purus lectus malesuada libero, sit amet commodo magna eros quis urna.

THE TITLE IS HERE
Lorem ipsum dolor sit amet, consectetuer adipiscing elit.

Lorem ipsum dolor sit amet, consectetuer adipiscing elit. Maecenas porttitor congue massa. Fusce posuere, magna sed pulvinar ultricies, purus lectus malesuada libero, sit amet commodo magna eros quis urna.

 ## EDUCATION

THE TITLE IS HERE
Lorem ipsum dolor sit amet, consectetuer adipiscing elit.

Lorem ipsum dolor sit amet, consectetuer adipiscing elit. Maecenas porttitor congue massa. Fusce posuere, magna sed pulvinar ultricies, purus lectus malesuada libero, sit amet commodo magna eros quis urna.

THE TITLE IS HERE
Lorem ipsum dolor sit amet, consectetuer adipiscing elit.

Lorem ipsum dolor sit amet, consectetuer adipiscing elit. Maecenas porttitor congue massa. Fusce posuere, magna sed pulvinar ultricies, purus lectus malesuada libero, sit amet commodo magna eros quis urna.

图 4.51 填充元素后的绝佳效果

第 **5** 章 **演说家的自我修养**
一场专业级 PPT 演讲的
前前后后

书的前面已经提过，PPT 幻灯片大体上分为两种类型——屏幕阅读型或者辅助演讲型，也就是给别人看的或是给别人讲的。如果是屏幕阅读型幻灯片，制作完成以后发给观众，任务就算完成了。但是对于辅助演讲型幻灯片而言，PPT 只是一个配角，观众真正关注的重点应该是你的演示和演讲的过程。在演示的过程中，可能会遭遇很多软件和硬件方面的技术问题，为了避免此类"事故"发生，我们要做好充足的准备工作。

本章主要介绍演讲者在 PPT 演示过程中遇到的软硬件方面的问题，以保证我们的演示能够正常发挥进而达到最完美的效果。

5.1 设备调试和软件适配

如果演讲者要带着准备好的 PPT 去现场演示，一定要提前了解现场的演示设备和软件情况，做到心中有数，把一切可能会出现的突发状况都做好预案，准备好"plan B"。千万不要在演示马上开始前或者演示中对观众说"对不起，设备出了问题"，这会摧毁你的整场演示。其实绝大多数的技术问题都可以通过充分的准备工作来预防，根据以往的演讲和培训经验，这里简单介绍一下演示中可能会遇到的几个问题。

5.1.1 硬件调试和准备

最好能够事先了解清楚演示会场提供的硬件的可用性，如果时间充足，提前一两个小时去现场，在硬件方面提前确认以下项目。

- 现场电脑提供的系统是否可用。
- 投影设备是否能够正常工作。
- 麦克风和音响设备能否正常使用。
- 投影转接线、音频输出线等是否齐全。
- 是否需要遥控器或激光翻页笔（最好自备）。
- 无线麦克风、激光翻页笔等设备的电量是否充足。
- 演示中如果需要网络，确认演示设备是否联网。

很多演示现场提供的设备可能过于陈旧，所以最好带上自己的电脑作为备用。使用自己的电脑作为演示设备时，一定要确保有合适的连接线。如你所知，最新的笔记本电脑通常可能没有 VGA 端口，为此我们需要提前备好 HDMI 线，或者通过 USB 接口、Type-C 接口连接转换器来适配投影仪。职业培训师一般会自备各种转换器和连接线以备不时之需。

5.1.2 放映设备软件检查

同检查硬件一样，演示设备的软件也需要提前认真检查测试，确保演示过程万无一失。

演示会场的 Windows 操作系统和 Microsoft Office 版本可能严重滞后，如果你不提前打开系统进行检查，会导致你精心准备的 PPTX 文件在现场演示设备上根本无法打开。建议在制作 PPT 的时候尽可能使用较新版本的 Office 软件（首选 Office365），在演示的时候也尽可能使用对应版本的软件放映。如果放映软件版本滞后，可能会出现内容错位、丢失某些动画和切换动作等异常问题，所以最好使用自己的电脑放映 PPT。

除了确保幻灯片可以正常放映以外，还需确认视频文件和其他多媒体是否能够正常播放。各种 PPT 演示的"车祸现场"都是音视频多媒体文件惹的祸。如果准备时间足够充分，事先将多媒体文件转换成常用格式，或者提前在放映设备上安装好需要的播放器。

另外，如果 PPT 文件中有互相链接的文档或者多媒体文件，一定要记得将所有相关的媒体文件和 PowerPoint 主文件放在同一个文件夹中，复制和发送时也要整个文件夹一起移动，并且在正式演示之前再次确认链接关系。

5.1.3 预防字体丢失的方法

如果制作者在 PPT 中使用了特殊字体，而演示设备上没有安装此款字体时，幻灯片放映中会发生字体丢失的情况。字体丢失后，PPT 会自动用默认字体显示文本，而字体间距的不同会导致文本行数的增减，原来设计排列规整的版式也会发生错乱。

在 PowerPoint 中，可以将使用的特殊字体嵌入到文档中，嵌入的字体会同时保存在 PPT 文件里，这样即使在没有此款字体的电脑上也能正常编辑和放映 PPT。

操作技巧：

如图 5.1 所示，在"文件"菜单下"选项"中的"保存"设置中，勾选"将字体潜入文件"选项，把字体嵌入文档一同保存。

至于这里两个子选项的区别，从字面上就能够理解。如果勾选第一项，只会嵌入文档中所使用的字符，文档中没有的字符并不会被嵌入进去；如果勾选第二项，会把所使用字体的所有字符全部嵌入 PPT 文件。

嵌入字体可以解决字体丢失的问题，但是这样做会使 PPT 文件变大，那么有没有其他办法既能预防字体丢失又不会增加文件大小呢？借助 iSlide 插件就可以做到。

图 5.1 将字体嵌入文件的操作路径

工具辅助：

除了把字体嵌入 PPT，iSlide 插件还提供了一种解决方式：把当前文档中所使用的字体从系统中导出来，安装到要放映 PPT 的电脑上，这样就可以避免字体丢失的问题了，这也是最保险、最可靠的方法。

如图 5.2 所示，在 iSlide 中打开"安全导出"，选择"导出字体"选项，程序会自动列出 PPT 中使用的所有字体，勾选需要导出的字体，选择一个目标文件夹将字体导出。导出以后跟 PPT 文件一起复制到目标电脑上，在放映幻灯片之前把字体安装到系统中即可。

图 5.2 "导出字体"选项面板

这里再次强调，大家在平时设计 PPT 时一定要注意字体版权问题，尤其是发布商业用途 PPT，一定要取得字体版权方的授权才能使用某些特殊字体。

5.2 使用演讲者视图

演讲总是令人生畏的事情，紧张的情绪可能会让演讲者的大脑在演示现场变得一片空白。好在 PowerPoint 软件提供了 "演示者视图" 功能，可以帮助演讲者在监视器上呈现观众看不到的备注笔记。

5.2.1 演讲者视图概述

演讲者视图是 PowerPoint 为演讲者提供的查看备注演讲词的实用功能，当观众在投影仪或者大屏幕上观看放映的 PPT 页面时，演讲者可以在演示电脑上看到自己的这个私人视图。这些视图包括备注内容、下一页 PPT 的页面缩略图，同时还有一个计时工具，方便演讲者掌控演讲时间，如图 5.3 所示。

图 5.3 演讲者视图用于提醒和计时

5.2.2 启动演讲者视图并查看备注

开启演讲者视图的方法如图 5.4 所示。

▌ **第 1 步** 将电脑与投影仪连接后，按快捷键 Windows+P 将投影模式切换到"扩展"。

▌ **第 2 步** 在"幻灯片放映"菜单的"监视器"组中勾选"使用演示者视图"。

▌ **第 3 步** 放映幻灯片即可在主监视器上看到演讲者视图已打开。

图 5.4 启动演讲者视图的操作路径

工具辅助：ZoomIt——便捷的屏幕放大镜

ZoomIt 是一个演示必备的辅助小工具，也被称为微软放大镜。这款工具体积小巧、完全免费、易于使用，具有屏幕放大、屏幕标注、倒计时等功能。iSlide 插件中已经集成了 ZoomIt，我们可以非常方便地从 iSlide "工具"组中调用它。单击"ZoomIt"按钮，它会在后台默默运行，同时插件会弹出如图 5.5 所示的提示界面。

图 5.5 ZoomIt 界面

这个界面是对 ZoomIt 功能的简单说明，按下不同的快捷键就可以启动对应的功能（这里的 1、2、3、4 是指主键盘上的数字键），下面分别进行简单介绍。

放大：按快捷键 Ctrl+1 可以进入屏幕放大镜模式，通过鼠标的移动可以查看不同的区域。单击左键进入标注模式，上下滚动鼠标滚轮可以改变放大的比例；按 Esc 键可以退出放大模式。

全屏绘制：按快捷键 Ctrl+2 后鼠标会变成画笔，此时可以用鼠标在屏幕上绘画和标注。按不同的键可以改变画笔的颜色（r 红色；g 绿色；b 蓝色；o 橙色；y 黄色；p 粉色），按住 Ctrl 键的同时滚动滚轮可以改变笔的粗细。按住 Shift 键可以画直线；按住 Ctrl 键可以画矩形；按住 Tab 键可以画椭圆形；按住 Shift+Ctrl 快捷键可以画箭头；按 Esc 键可以退出全屏绘制模式。

倒计时：按快捷键 Ctrl+3 可以进入全屏倒计时模式，滚动鼠标滚轮设定计时时长；按 Esc 键可以退出倒计时模式。

及时放大：按快捷键 Ctrl+4 进入及时放大模式，此时鼠标变成屏幕放大镜，同时可以进行正常的鼠标操作；再次按下快捷键 Ctrl+4 可以退出及时放大模式。

5.3 配合演示的动画设计

动画是幻灯片演示中非常重要的信息呈现手段，借助动画不仅可以让信息呈现更加生动直观，还能够让信息点之间的逻辑关系更加明确，精心制作的 PPT 动画可以牢牢捕捉观众的注意力。

但是在对待 PPT 动画的时候，大家可能会走向两个极端。纯粹的拒绝派，有很多拒绝 PPT 动画的理由，如不严肃、分散观众注意力，等等。另一部分人则会过度使用动画，使观众没法将注意力集中到演示内容上。那么在日常工作学习中，到底要不要在 PPT 中使用动画？这可能得视情况而定。如果是报告文档等阅读型 PPT，尽量不要使用动画，让人静静地阅读吧。但如果是辅助演讲型 PPT，我们可以适当制作一点动画，让演示过程不至于太枯燥，也避免观众视觉疲劳打瞌睡。

所以总体来说，不要因为 PowerPoint 软件有动画功能我们就非用不可，一定要根据目标来设计动画。动画不是画蛇添足，如果用对了，可以提升内容的价值。

5.3.1 动画的分类

按照 PowerPoint 软件提供的动画类型，PPT 动画分为页面动画和切换动画两种。

页面动画是给 PPT 页面中的元素添加的动作效果，又可以分为进入、退出、强调、动作路径 4 种类型，如图 5.6 和图 5.7 所示。

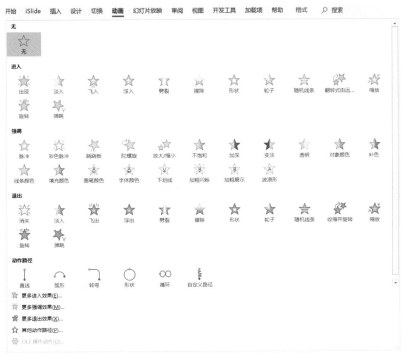

图 5.6 PPT 动画的分类

图 5.7 PPT 动画的各种效果

在 PPT 中给元素添加动画时，应该让观众能够更加直观地了解信息之间的内在联系和次序，正如《演说：用幻灯片说服全世界》一书中所述："在演说中，元素就是你的演员，每一个都必须能帮你传达出故事的内涵。你可能用不着记事板，但必须确定幻灯片中哪些场景需要借用动画来传达。多花时间来规划、构思，力求表现效果达到最好。"

在构思和设计 PPT 动画时，要把自己想象成通过镜头拍电影的导演。而 PPT 中的所有元素就像供你调动的演员，有入场、表演和离场的次序，同时也可能会伴随着整个场景的变化。

动画中所有的"进入效果"类似于演员入场，是从无到有的过程。所有的"强调效果"则类似于演员的表演，是执行某个动作。而"退出效果"就是演员表演完毕离场，是从有到无的变化。而"动作路径"则是让元素按照制作者指定的一条路径，从起点移动到终点。

理解了以上 3 种动画的基本作用，我们就可以根据自己的演讲，合理地安排动画的呈现方式。"动画窗格"给制作者提供了很大的便利，我们可以在其中直观地看到每个动画出现的先后次序和持续时间等细节参数。"动画窗格"就位于"动画"选项卡中。

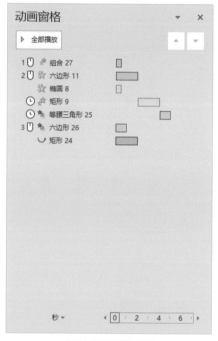

图 5.8 "动画窗格"面板

"动画窗格"就是 PPT 动画的时间轴，如图 5.8 所示，在这个时间轴上面，可以设置每个动画之间的衔接，从而表达信息之间的内在逻辑。当然，前面章节介绍过的"选择窗格"（快捷键 Alt+F10）也要随时打开，用来管理页面元素和调整图层。

切换动画是 PPT 翻页时在两页幻灯片之间发生的动作效果，又分为细微、华丽、动态内容 3 种类型，如图 5.9 所示。

切换动画的存在，使幻灯片的切换和翻页不再枯燥和生硬，丰富了页面切换时的观感体验。PowerPoint 内置有很多种切换效果，制作者可以逐个预览切换动画的效果。

图 5.9 切换动画的各类效果

通常情况下，使用"淡入 / 淡出"就能获得不错的效果；"华丽型"的页面切换效果需要慎用，有些太过夸张的切换动作在某些场合可能不太适合，这一点需要注意。

而"推进"效果可以让前后页面成为一个连贯的整体，适合前后连贯的内容呈现。如图 5.10 所示的幻灯片案例，通过使用不同方向的"推进"切换，让所有页面在演示中无缝衔接在一起，形成一个连贯的整体。

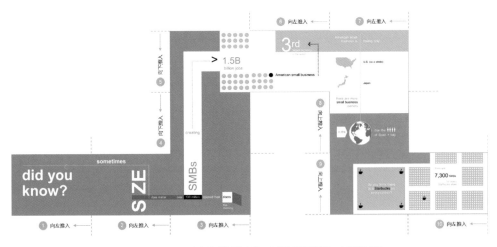

图 5.10 通过使用不同方向的"推进"切换，让所有页面好像是一个连贯的整体

5.3.2 动画的属性

PPT 动画，是运用页面中元素的动作、速度、方向的变化来更好地传达信息。对动画属性的控制调节，可以让 PPT 动画实现更加理想的效果。

首先我们需要了解 PPT 动画的"效果选项"设置，当所选的动画有方向、大小、形状、颜色、角度等属性参数时，可以在"动画"选项卡的"效果选项"中进行更改。以"飞入"动画为例，可以在"效果选项"中修改元素飞入页面的方向，如图 5.11 所示。

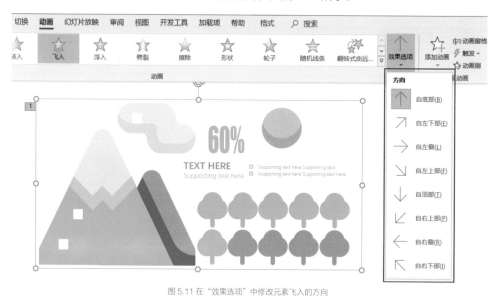

图 5.11 在"效果选项"中修改元素飞入的方向

不同的动画有不同的效果选项，制作者需要根据演示需求，选择合乎逻辑的效果选项。

其次，需要了解 PPT 动画的开始方式：在 PPT 菜单"动画"选项卡的"计时"组中有一个"开始"选项，或者在"动画窗格"中选中一个动画，单击右边的下拉菜单也可以选择动画的开始方式。动画的开始方式有"单击开始""从上一项开始"和"从上一项之后开始"，如图 5.12 所示。

"单击开始"动画，在动画窗格中可以看到，前面有个数字，并且有一个小小的鼠标标记，这就意味着这一个动作需要单击鼠标才会发生。

"从上一项开始"动画，在动画窗格中只显示了这一动画的持续时间，最前面没有数字，也没有任何标记，说明这个动画会跟前一个动画同时发生，不需要单击鼠标触发。

而"从上一项之后开始"动画,在动画窗格中可以看到前面有一个小时钟的标记,顾名思义,动画在上一个动画结束之后才会开始。

图 5.12 动画的开始方式有 3 种

3 种不同的动画开始方式具备各自不同的职能,需要制作者根据演讲需要灵活运用。不要把它们想得过于复杂,只要从根本上理解了每种开始方式的差别,我们就能轻松驾驭每一种动画。

接下来我们还要掌握动画的"持续时间",也就是一个动画从开始到结束花了多长时间。在"动画"选项卡的"计时"组中,有"持续时间"和"延迟"选项,同时在动画窗格中每一个动画的持续时间都以色块的形式显示,如图 5.13 所示。

图 5.13 色块代表动画的持续时间

在"动画"选项卡中设置了动画持续时间和延迟时间,会直观地反映到动画窗格中。为了调节更方便,我们可以直接在动画窗格中拖动鼠标来调节动画的开始时间和结束时间,也可以在时间轴上整体拖动动画,如图 5.14 所示。

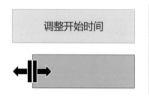

图 5.14 直接在动画窗格中拖动鼠标来调节动画的开始时间和结束时间

通常情况下，建议"出现动画"的效果要"快"一些。我们一直强调动画设计的初衷在于配合演讲，所以别让观众现场来"等"PPT 中动画的出现。当然，对于一些具有特殊示意需求的动画，过快的速度也会让观众感到头晕眼花，为此我们需要根据演讲的节奏，反复调整动画时间，直到每一个动画都恰到好处地服务于演讲内容。

另外，动画的"重复"效果在某些场景中会有奇效。在动画窗格中选择一个动画，单击鼠标右键并选择"计时"，然后找到"重复"选项，根据需要设置合适的重复方式即可，如图 5.15 所示。

图 5.15 设置恰当的动画重复方式会给演讲增色不少

"重复"选项后的数字代表的是动画重复的次数，而选择"直到下一次单击"动作会重复到鼠标单击时停止。如果选择"直到幻灯片末尾"，动画会一直重复，直到幻灯片放映结束。

5.3.3 动画与演示的完美配合

动画为演讲服务，要确保演讲与 PPT 中正在放映的内容保持同步。

也许大家都有过这样的经历：当我们看到一页新的幻灯片放映出来后，总会本能地把页面中的所有内容扫视一遍。如果一页 PPT 中有好几项内容，而演讲者只讲到其中的一点，观众可能不得不一边听讲，一边在脑海中琢磨其他信息。如此一来，演讲就会变得乏味无趣。如果你是演讲者，在演讲之前就需要考虑尽量避免这种情况的发生。让观众看到什么内容，其实可以提前策划安排好。

如图 5.16 所示的 PPT 页面，当投影幕布上同时出现这些信息的时候，演讲者根本无法控制观众的眼睛看向哪里。也许演讲者正讲到第 2 点，观众却已经把第 4 点都阅读完了。当观众看完幻灯片上所有内容的时候，他已经知道了演讲者接下来要说什么，所以不会再认真听，而是期待尽快翻页。

图 5.16 一页 PPT 中安排了过多的内容，会丢掉观众的注意力

为此，借助于 PPT 动画，将与当前演讲无关的其他信息暂时隐藏或弱化，让正在演讲的信息点突出展示，这样观众的视线就会在无形中被演讲者牢牢控制。当观众将注意力集中到演讲内容时，演讲者就真正成了被关注的焦点，观众也不会觉得无聊。

如图 5.17 所示，观众一眼就看到演讲者正在讲解第 2 点，其他几个要点暂时不需要关注，因此这里"故意"让观众无法看清其他信息。

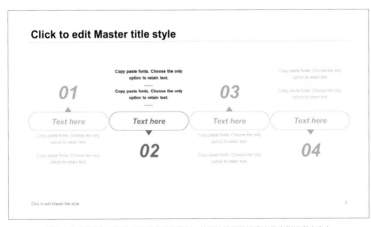

图 5.17 "故意"让观众无法看清其他信息，从而让他们将注意力集中到演讲者身上

5.4 插入声音与视频

在 PPT 演示过程中，有时适当借助音视频素材可以让演讲效果更丰富。PowerPoint 软件支持制作者在 PPT 中插入音视频文件，在较新版本的 PowerPoint 软件中，制作者甚至可以裁剪音视频素材来选取其中的一段。

5.4.1 插入音频

制作者可以在"插入"菜单中单击"音频"，然后选择"PC 上的音频"，将本地音频文件插入 PPT 文档，也可以直接拖拽音频文件到 PPT 中。选中插入的音频后，在"音频工具"组的"播放"菜单下可以对音频进行简单的编辑和播放项目设置，如图 5.18 所示。

图 5.18 音频设置面板

通过"淡入"和"淡出"选项，可以让音频在开始播放和结束播放的时候更加自然。

如果插入的音频时间过长而只需要其中的一段，可以打开"剪裁音频"功能进行截取，如图 5.19 所示。

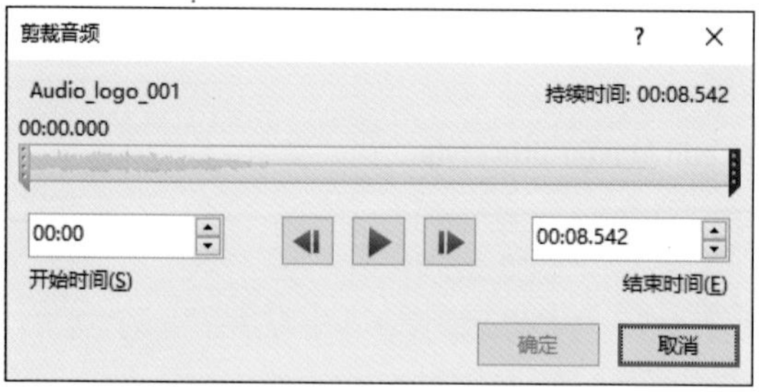

图 5.19 在"剪裁音频"面板截取出合适的音频片段

当插入的音频作为背景音乐需要跨页播放时，可以选择"在后台播放"，让"音频选项"中的"跨幻灯片播放""循环播放，直到停止"两个选项处于勾选状态。其他选项根据实际需要进行设定即可。

5.4.2 插入视频

插入视频的方式跟插入音频一样，制作者可以直接将视频文件拖拽到 PPT 中，也可以使用"插入"菜单实现。选中插入的视频后，在"视频工具"组的"播放"菜单下可以进行简单的编辑和播放设置，如图 5.20 所示。

图 5.20 视频设置面板

如图 5.21 所示，打开"剪裁视频"可以对视频文件进行裁剪，裁剪过程中还可以进行实时预览。

如果需要"全屏播放"或者"循环播放"，可以在"视频选项"菜单中勾选对应的项目。

图 5.21 在"剪裁视频"面板中可以边裁剪边预览

第 **6** 章

PPT 的价值
没人爱做 PPT，除非能靠它赚钱

"每天，全球有超过 1 000 000 场的商业演示，专业的设计能更有效地传递和表达信息。PPT 幻灯片也能成为一种力量，能够说服，能够影响，能够感动！"这也是 iSlidePPT 的口号。也许有人会说，PPT 的价值是不是被你们夸大了？而本书要说的是，幻灯片的价值可能被人们严重低估了。本章用几个真实的故事让大家了解，或许我们每个人都能通过学习 PPT，用演示创造价值。

6.1 戈尔和 Tim Young 的故事

一份成功的 PPT 可能会帮助企业提升品牌形象、成功推销产品或服务、赢得一笔商业投资，甚至……赢得诺贝尔和平奖。

美国前副总统阿尔·戈尔通过几张幻灯片讲述了一个天气变化的故事，随后他将此故事拍摄成了著名的纪录片《难以忽视的真相》，并获得奥斯卡最佳纪录片奖。由于在全球气候变化与环境问题上的贡献受到国际社会的肯定，戈尔获得了 2007 年度诺贝尔和平奖。

一次成功的演说可以催生伟大的变革。《演说，用幻灯片说服全世界》一书中写道："他热爱自己所讲的故事，每张幻灯片都让故事变得更有意义，而他的演说又总是那么自然而令人信服。他正影响着全世界，一次仅用一张幻灯片。"

SocialCast 创始人 Tim Young 撰写过一篇文章，文中讲述了他如何在一年内凭借 5 张幻灯片，获得 3 轮融资，为 SocialCast 和 about.me 网站筹得 1000 万美元风险投资的传奇。Young 的 5 张 PPT（含封面共 6 张）其实非常简单，如图 6.1 所示。

图 6.1 Young 的 5 张 PPT（含封面共 6 张）

另外还有一张空白幻灯片，用来过渡到简短的产品展示页。

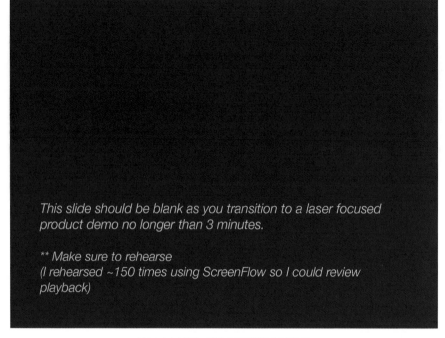

图 6.2 空白幻灯片，用来过渡到简短的产品展示页

读者们可能会觉得这的确是一个非常普通的 PPT，甚至有些难以置信，这就搞定融资了？

以往我们可能过多地关注 PPT 的形式，而忽略了演示的真正目的：针对特定的目标受众，进行有效的信息传递，从而达成一致，甚至是说服和影响。

Young 的 PPT 的主要内容虽然只有 5 页，却把握了投资人（受众）的逻辑需求和关注重点。

● 公司及团队介绍

● 现有数据

● 时间表（规划）

● 增长能力

● 方向与目标

获得融资或是达成一次合作意向，绝不是仅仅靠几页幻灯片就能搞定的，但一份逻辑清晰、重点明确、设计专业的 PPT 肯定能成为加分项。

对于大多数人而言，前面两个故事似乎离我们很遥远。那么下面这个发生在普通人身上的故事离我们真的很近。

6.2 述职报告 PPT 带来了职场大逆转

还记得我们在第 4 章中修改过的那个案例吗？如图 6.3 所示。

Before

After

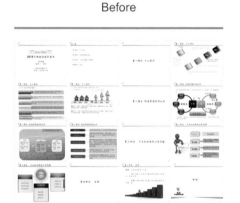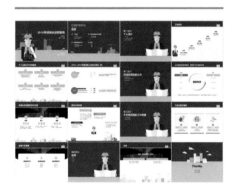

图 6.3 第 4 章中修改过的简历

这位朋友（我们暂且叫他 W 先生）的年终述职报告 PPT，几乎彻底改变了他的职场发展轨迹。

W 先生在某集团公司从基层员工做起，在一线工作了整整 8 年才晋升为班组长。用他自己的话说，他在公司就像一个不受关注的螺丝钉，有他不多，没他不少。学历一般，酒量一般，社交能力一般，业绩一般，人缘一般。老老实实上下班，生活平淡无奇，升职加薪总是遥遥无期，人生似乎已经能够一眼看到底。好歹工作还算稳定，只好踏踏实实领一份工资，别无他求。

去年年底，W 先生接到公司通知，所有班组长都要准备一份述职 PPT，并根据现场演示来评选优秀员工，如果表现突出，来年有可能告别一线走向更高的职位。W 先生决定抓住这次机会，让领导看到一个完全不同的自己。

据他自己讲，为了做好这份 PPT，他的用功程度可能超过了当年备战高考。当他拿着原始 PPT 让我提提修改意见的时候，我能感受到他做成这样已经实属不易。我用了一个下午时间，指导他借助插件工具快速修改优化，他非常笃定地说："如果演讲不出问题，我应该能够'碾压'他们了。"显然，他对修改后的 PPT 自信十足。

确实如他所料，当他的 PPT 放映在演示现场屏幕上的那一刻，所有领导和台下的同事都眼前一亮，还有人拿出手机拍照。这让他接下来的演讲更加自信，完全"秀"出了自我，赢得一片喝彩。原以为顺利拿到优秀员工奖，能为自己升职做个铺垫就可以了，没想到他还有了很多意外收获。

从那天起，W 先生成了整个集团公司尽人皆知的"PPT 大神"，全国各地分公司纷纷邀请他去做 PPT 讲座，分享 PPT 技能，甚至还有业内同行高价请他制作 PPT。短短几个月时间，他不仅顺利实现了升职加薪的愿望，而且每个月 PPT 带给他的收益几乎要超过他的薪水。

W 先生通过一次述职报告的精彩演示，从一个公司底层默默无闻的"小螺丝钉"变成了明星人物，赢得了同事的尊敬，得到了领导的高度重视……用 PPT 提升自己的价值，或许我们都可以做到。

6.3 PPT 模板设计

如果想通过 PPT 创造额外收益，就要了解一下专业 PPT 模板设计和 PPT 定制。

设计付费模板与平时自己制作 PPT 有很多方面的不同，要想制作出高质量的 PPT 模板，除了需要具备较高的 PPT 制作水平，还需要了解一些注意事项，同时也需要对国内外的一些 PPT 模板销售网站有所了解，这样才能选择最合适的平台曝光和销售 PPT 模板。

6.3.1 制作付费模板的注意事项

设计 PPT 模板不是为了满足某个人的个别需求，而是尽可能满足更多人的需求。与制作自己使用的 PPT 不同，PPT 模板是给所有潜在用户使用的，所以在设计制作上除了要注意本书前面所讲过的一些 PPT 自身的基础规则以外，还需要注意是否便于用户修改等一系列问题。

一份好的 PPT 模板需要具备 3 个条件：实用、专业、美观。

PPT 模板的实用性至少应该满足 3 个要点：提供常用尺寸，方便用户修改，明确使用场景。

对应不同的投影演示环境，用户需要选择尺寸适合自己需要的模板。最常用的尺寸比例为 16∶9 和 4∶3 两种。我们从专业 PPT 模板网站上购买了优秀的 PPT 模板后会发现，有些模板不仅提供了这两种常见尺寸，还提供了 18∶9、16∶10 等比例，甚至还提供了 A4 的竖版 PPT 模板。当我们自己设计付费模板的时候，至少应该包含 16∶9 和 4∶3 这两种比例尺寸，如图 6.4 所示。

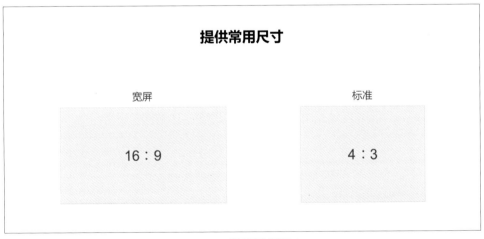

图 6.4 PPT 模板常用的两种尺寸

方便用户修改也很重要，但是网上销售的很多 PPT 模板的制作者恰恰忽略了这一点。

首先，所有元素都应该能让用户自由编辑。比如有一些内容，为了方便用户修改，就不能放进"母版"视图中，因为很多普通用户对母版视图并不了解。对于一些小图标或者色块等元素，要尽量使用矢量化素材，方便用户对其重新着色和二次编辑。

其次，要保证用户可以轻松替换图片元素。在制作 PPT 模板的时候，所有图片要尽可能使用占位符装载，尤其是一些异形图片，比如"笔迹"，用异形占位符装载可以让用户很方便地删除和重新插入图片，如图 6.5 所示。

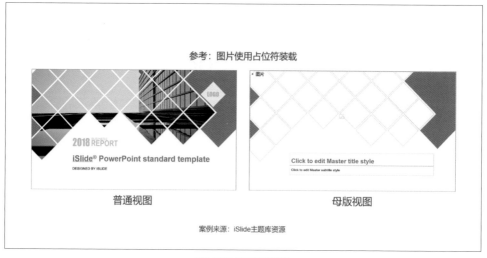

图 6.5 图片使用占位符装载

再次，需要保证版式不容易错乱。不想让用户编辑的元素可以放入"母版"视图，页面排版设计好以后，方便用户使用"幻灯片重置"功能复位元素，如图 6.6 所示。标题占位符格式要保持统一，建议直接使用母版中提供的默认标题占位符。必要时使用文本框格式"溢出时缩排文字"，保证文字过多时排版布局不会发生错乱，如图 6.7 所示。

图 6.6 模板用户可以使用幻灯片重置功能让页面元素一键归位

最后，PPT 模板的使用场景要明确，比如学术答辩、职位竞聘、创业比赛、述职报告，等等。一个 PPT 模板不可能满足所有的使用场景，在设计之初就应该明确模板针对的是哪种场景需求。

关于 PPT 模板的专业性，在第 2 章和第 3 章中其实已经讲得非常清楚，这里只作一个简单的回顾：首先要符合 PowerPoint 软件自身设定的主题规则；其次要有正确的参考线标准；"母版"中多余的版式尽量不要保留，全部删掉；最后一点，风格样式要统一。当然，如果你已经有能力制作付费模板，那么专业性这一点相信一定能够保证。

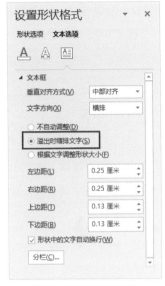

图 6.7 设置"溢出时缩排文字"

下面再来说说一份好的 PPT 模板应该具备的第三个条件——美观。

毫无疑问，人人都喜欢好看的东西，PPT 模板也要讲究"颜值"。所以制作者需要不断地练习和积累，不断提高自己的审美水平。方法就是多从优秀设计师的作品中学习，从网页设计、UI 设计、海报设计等各设计领域不断获取新的设计灵感，捕捉新的设计风格，把握流行的设计趋势。

除了提高审美水平和设计水平以外，PPT 模板的美观性也要通过 3 个方面来体现：统一、规整、简洁。

统一，是指要求模板作品在字体、色彩、样式效果在全文档中保持一致，这一点其实也是专业性的体现。规整，要求 PPT 模板作品在页内对齐、页面元素大小统一、跨页对齐等方面体现出极强的秩序感。简洁，是希望 PPT 模板提供的页面简单干净，避免多余的修饰性效果。

以上是制作付费 PPT 模板时需要注意的一些事项。PPT 模板设计是一个需要长期实践和探索的工作，前期可能需要通过制作大量免费模板来提高自己的模板制作水平，坚持下去，一定能从自己的兴趣中获得很多意想不到的收获。

下面介绍一些 PPT 模板的销售渠道。

6.3.2 付费模板的销售渠道

国内 PPT 模板销售网站有很多，我们可以通过搜索引擎检索出很多销售渠道。在此挑选几个最具代表性的 PPT 模板出售平台。

1.PPTSTORE

PPTSTORE 是以原创 PPT 设计为主的 PPT 内容分享平台，汇聚了国内众多 PPT 达人和优秀 PPT 作品，如图 6.8 所示。PPTSTORE 对模板作者的审核和把关比较严格，实行作者签约制度，只有通过平台评审，才能成为 PPTSTORE 原创作者。

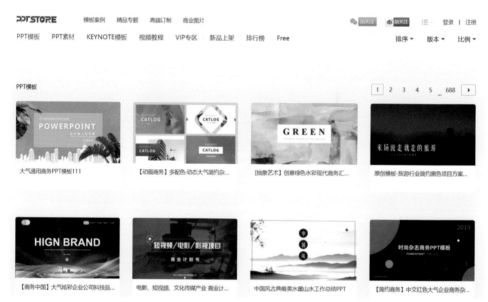

图 6.8 PPTSTORE 网站

2. 演界网

演界网是国内成立较早的演示设计交易平台，是一个基于演示设计的一站式在线演示、素材销售、服务交易系统，类似于演示设计界的"淘宝网"，如图 6.9 所示。

图 6.9 演界网网站

3. 稻壳儿

稻壳儿是 WPS 旗下深受用户青睐的 Office 文档资源分享平台，为校园和商务办公用户提供帮助，同时为大批专职和兼职的 PPT 设计师提供了 PPT 模板交易平台，使更多 PPT 爱好者把兴趣发展成事业，实现个人价值，如图 6.10 所示。

图 6.10 稻壳儿网站

6.4 PPT 演示设计定制

　　成为一名合格的 PPT 设计师以后，承接 PPT 定制项目将会成为制作者的主要工作。下面介绍 PPT 定制设计的一般流程和要点。

　　PPT 定制服务的一般流程如图 6.11 所示。

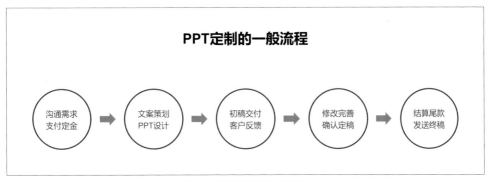

图 6.11 PPT 定制服务的一般流程

承接 PPT 定制需要注意以下几点。

第一，制作者需要制作一个定制项目服务方案的 PPT 或者 PDF 文档。这是承接 PPT 定制项目必须要做的准备工作，不仅便于沟通，也能体现出自身专业性。文档中写明承接的项目类型、定制价格、服务流程、设计周期等内容，最好能包含一些充分体现自己的设计水平的项目案例，以及原创 PPT 作品展示。

第二，提供定制服务时，最好在开始设计前与客户签订一份书面协议，把服务内容、定制价格、交付时间等有关内容以书面形式明确下来，以免后期双方产生纠纷。

第三，设计前先向客户收取定金。支付定金体现的是客户的诚意、尊重和信任。如果没有收取定金，客户可能在中途临时取消订单，这样之前的所有工作就会白费。

第四，在确定终稿前，中间交付的所有 PPT 预览稿，最好以图片格式发送给客户，如果 PPT 中包含了动画效果，建议添加水印后导出视频发送客户预览。这里需要补充一点，iSlide 插件提供的 "安全导出" 功能可以直接导出 "全图 PPT"，这样客户拿到的 PPT 文件是不可编辑的，只能用来预览。

第五，限定免费修改次数。前期沟通时跟客户讲明白 PPT 初稿完成以后免费修改的次数，超过免费修改次数后再进行修改需要客户支付一定的修改费用。因为客户可能需要长期多次使用这一份 PPT 文档，如果每次都需要在原稿基础上进行部分内容的调整，可能会让制作者陷入无休止的修改。

第六，提供 PPT 定制服务时一定要注意所使用的字体、图片等设计素材是否有版权纠纷，避免侵权。